高等教育网络与新媒体系列精品规划教材

时域有限差分的并行加速方法

张立红 著

U0218464

天津大学出版社
TIANJIN UNIVERSITY PRESS

图书在版编目（CIP）数据

时域有限差分的并行加速方法 / 张立红著. -- 天津:
天津大学出版社, 2023.12
高等教育网络与新媒体系列精品规划教材
ISBN 978-7-5618-7664-0

Ⅰ.①时… Ⅱ.①张… Ⅲ.①并行算法－有限差分法
－高等学校－教材 Ⅳ.①TP301.6

中国国家版本馆CIP数据核字(2024)第042823号

出版发行	天津大学出版社	
地　　址	天津市卫津路92号天津大学内（邮编：300072）	
电　　话	发行部：022-27403647	
网　　址	www.tjupress.com.cn	
印　　刷	北京虎彩文化传播有限公司	
经　　销	全国各地新华书店	
开　　本	787mm×1092mm　　1/16	
印　　张	8	
字　　数	200千	
版　　次	2023年12月第1版	
印　　次	2023年12月第1次	
定　　价	58.00元	

前　言

作为一种强大的数值计算技术,时域有限差分(FDTD)方法被广泛应用于辐射天线分析、微波器件和导行波结构的研究等领域。然而,FDTD 的离散必须满足 Courant 稳定性条件并有一定的精度保证,这使 FDTD 方法在处理电大尺寸及复杂结构的电磁问题时需要划分数量庞大的网格,从而导致计算时间过长、计算内存不足等难题。

与此同时,随着计算机技术的发展,计算机的各种性能不断提升,并行 FDTD 算法也在不断地加快仿真速度,本书的研究目的就是利用并行计算技术发展高效、快速的 FDTD 仿真方法,并将其应用于工程实践。

基于上述原因和目的,本书主要对两个方面的内容进行研究:并行 FDTD 算法的硬件加速技术的研究和并行 FDTD 算法在天线分析、安全检查等领域中的应用研究。全书的内容安排如下。

第 1 章为绪论,介绍了本书的研究背景及意义,并对国内外 FDTD 算法的并行化现状做了广泛的了解和详尽的综述,为下一步工作奠定了基础。

第 2 章为 FDTD 算法的关键理论,深入研究了 FDTD 算法的基本理论和离散化方法,以及 FDTD 算法在天线分析等领域的应用。

第 3 章为 FDTD 算法的并行技术研究,对基于 MPI 和 OpenMP 的并行技术以及 SSE 指令集的硬件基础和原理做了详细的分析和研究。

第 4 章为 FDTD 的三级并行算法及优化,首先搭建了一个 PC 集群,研究了基于 MPI 和 OpenMP 的两级粗粒度数据并行 FDTD 算法,使用 C 语言独立开发了基于 MPI 和 Open-MP 的两级并行程序,并在集群上对此程序进行了测试;然后在上述两级并行 FDTD 算法的基础上,研究了基于 SSE 指令集的细粒度数据并行 FDTD 算法,并将三种并行技术融合在一起,形成了基于 MPI、OpenMP 和 SSE 指令集的三级数据并行 FDTD 算法,独立开发了三级并行程序,且对该程序进行了优化;最后为了验证基于 SSE 和 AVX 指令集的三级并行算法,利用此三级并行程序在 PC 单机和集群上对几个理想情况下的电磁辐射问题进行了仿真,仿真结果表明上述三级并行加速算法比传统的两级并行 FDTD 算法的仿真速度要快几倍,同时用上述并行算法对同一个理想的电磁辐射问题进行了仿真,两种算法的仿真结果完全相同。

第 5 章为 FDTD 并行算法的应用研究,首先将基于 SSE 指令集的三级并行 FDTD 程序应用于天线分析,对两个经典的天线结构,即偶极天线和矩形微带贴片天线进行了仿真,得到了天线的时域近场分布以及频域特性和辐射特性;其次深入研究了 Intel 二代处理器中新加入的 AVX 指令集,提出了用基于 AVX 指令集的硬件加速技术来加速 FDTD 算法的新方法,提出了基于 MPI、OpenMP 和 AVX 指令集的三级数据并行 FDTD 算法,开发了基于 MPI、OpenMP 和 AVX 指令集的三级并行程序;再次提出并实现了基于 AVX 指令集的 SIMD 并行加速技术在天线分析领域的应用,将基于 AVX 指令集的三级并行程序应用于偶极天线和矩形微带贴片天线的仿真和分析,得到了天线的时域和频域特性,对基于 SSE 和 AVX 指令集的两种版本的三级并行程序的天线仿真结果进行了对比,验证了基于 AVX 指令集的三级并行结构的正确性,得到了较好的加速效果;最后将加速方法应用于太赫兹光谱在介质中的传输研究,得到了一些有益的结论。

第 6 章为总结与展望,对电磁波传播加速算法的发展和应用进行了总结和展望。

目　　录

第 1 章　绪论

1.1　研究背景及意义

　　自从 1864 年麦克斯韦建立完整的电磁场理论以来,电磁场的研究和应用得到了长足和深入的发展。现代技术的许多方面都与电磁场有关,目前电磁场理论已经广泛地应用在无线电波传播、光纤通信和移动通信、雷达技术、物探、微波、天线、电磁成像、医疗诊断、地下电磁探测、电磁防护、电磁兼容、生物电磁剂量计算、电子封装、核电磁脉冲的传播和散射、微光学元器件中光的传播和衍射特性研究、战略防御以及工农业生产和日常生活的各个领域。不管这些电磁问题多么复杂,它们都遵循一个基本规律:麦克斯韦方程。所有电磁问题解决的最终要求是求得满足实际条件的麦克斯韦方程的精确解答,获得封闭形式的解析解,并给予正确的物理解释,这曾是人们追求的最佳结果,科学实验也一直是自然科学研究的主要手段。虽然对于一些典型问题的解析分析能帮助人们很好地认识电磁规律,然而只有那些具有简单几何形状和结构相对简单的问题才有可能求得严格的解析解,而对于工程问题,解析解往往无能为力。而且,由于需要解决的电磁问题越来越复杂,对所有的电磁问题都进行科学实验是不可能也是不允许的,这时电磁场的数值解法就显得尤为重要。在信息技术和数值方法迅速发展的推动下,科学实验、理论分析、数值计算已经日益成为并列的自然科学的三大研究手段。数值计算是人类认识世界的新手段,继科学实验与理论分析之后,数值模拟已成为人类认识世界最重要的手段,正被广泛应用于科学研究、工程与生产领域,并形成了计算电磁学交叉研究领域,且日益成为电磁场理论研究的主流。

　　求解电磁问题的方法,归纳起来可分为三大类:第一类是解析法;第二类是数值法;第三类是半解析数值法。其中,每一类又包含若干种方法。

　　解析法是通过经典的分离变量法或者变换数学法对微分或积分形式的麦克斯韦方程直接求解。该方法得到的计算结果精确,可以作为近似解和数值解的检验标准,通过解析过程能观察到问题的内在联系和各个参数对数值结果的影响。但是,解析法具有很大的局限性,仅能解决很少量的电磁问题。为了克服解析法的局限性,人们提出了近似解析法,如微扰法、变分法、多极子展开近似法、高频近似法(如几何光学法、物理光学法、几何绕射理论等)和低频近似法(如准静态场近似)等。

　　数值法是直接以数值、程序的形式代替解析的形式来描述电磁问题。在纯数值法中,通常用差分代替微分,用有限求和代替积分,从而,就将问题转化为求解差分方程或代数方程问题。数值法比解析法普适性强,而且用户不必具备高度专业化的电磁场理论、数学及数值技术方面的知识就能用提供的程序解决实际问题。纯数值法的缺点在于数据量大、计算量大、受硬件条件限制严重。原则上,数值法可以求解具有任何复杂几何形状、复杂材料的电磁场工程问题,但是在实际的工程应用中,由于受计算机存储容量、计算时间以及解的数值误差等方面的限制,纯数值法常常难以完成任务。因此,将解析法与数值法相结合,以兼备两者的优点、克服两者不足的各种半解析数值法成为用计算机求解科学与工程问题的有效手段。

20 世纪 60 年代以来,随着电子计算机软硬件技术的发展,一些电磁场的数值计算方法发展起来,并得到广泛的应用。目前,解决电磁问题的方法主要有三种:属于频域技术的矩量法(Method of Moments, MoM)、有限元法(Finite Element Method, FEM)和属于时域技术的时域有限差分(Finite Difference Time Domain, FDTD)法。各种方法都有自己的特点和局限性。

1963 年,K. K. Mei 在其博士论文中提出了矩量法。1968 年,Harrington 在其专著中全面介绍了矩量法在求解电磁问题中的应用。矩量法把电磁场问题看作边值问题,对电场或磁场根据边界条件导出积分方程或积分 - 微分方程,将需要求解的微分方程或积分方程写成带有微分或积分算符的算子方程,再将待求函数表示为选用的某一组基函数的线性组合并代入算子方程,然后用一组选定的权函数对所得的方程取矩量,并把积分方程转换成等效的矩阵方程,最后对矩阵方程进行求逆运算。这种方法适用于任意形状和非均匀性问题,但可能导致非常大的矩阵而且可能是病态的。

有限元法在 20 世纪 40 年代被提出,50 年代主要用于飞机设计,后来得到发展并被非常广泛地应用于结构分析问题中。在 20 世纪 70 年代初,有限元法开始在电磁工程领域得到应用。有限元法是以变分原理和剖分插值为基础的一种数值方法。在早期,应用瑞利 - 里兹法的有限元法是以变分原理为基础的,因而广泛用于拉普拉斯方程和泊松方程所描述的各类物理场,被称为里兹有限元法。后来发现,应用加权余量法中的伽略金法或者最小二乘法同样可以得到有限元方程。有限元法具有很广泛的适应性,特别适合于几何形状和物理条件都比较复杂的问题,处理边界条件非常方便,且程序易于标准化。但是,有限元法采用频域法的微分形式,需要微分方程的变分形式,而这并不是对所有的问题都能办到,而且在计算过程中需要较多的存储空间和计算时间,这是有限元法的缺点。

时域有限差分法是 1966 年由 Yee 提出的一种电磁场时域计算方法。起初,电磁场的计算主要是在频域上进行的;近年来,时域计算方法在很多方面显示出独特的优越性,尤其是在解决有关非均匀介质、任意形状和复杂结构的散射体以及辐射系统的电磁问题中更加突出,因而也越来越受到重视。时域有限差分法以差分原理为基础,采用直接时域法的微分形式,直接求解依赖时间变量的麦克斯韦旋度方程,用中心差分近似把旋度方程中的微分算符直接转换为差分形式,电场和磁场分量在空间被交叉放置,保证在介质边界处切向场分量的连续条件自然得到满足。这种方法保证麦克斯韦旋度方程中的时间变量不经变换而直接在时域 - 空域中求解,能提供方程的齐次部分和非齐次部分的全部解答,在每一网格反复地运行由麦克斯韦旋度方程直接转换来的有限差分格式,从而实现在计算机的数字空间中对电磁波的传播及电磁波与物体的相互作用进行模拟。虽然时域有限差分法也有一些自身缺陷,如阶梯近似和网格色散等,但由于它以最普遍的麦克斯韦方程作为出发点,且简单灵活,因此有非常广泛的使用范围。

自 Yee 于 1966 年提出 FDTD 方法以来,经过几十年的发展,FDTD 已经形成了一套比较完善的方法体系,相对于其他的计算电磁学方法,FDTD 因简单灵活、直观、易于掌握而受到广大电磁学计算研究者的欢迎,在几十年的时间里发展迅速并获得广泛应用。在时域有限差分法中,电磁波的传播以及电磁波与物体的相互作用通过电场和磁场在空间和时间上的差分递推实现。时域有限差分法直接把含时间变量的麦克斯韦旋度方程在 Yee 氏网格空间中转换为差分方程,在这种差分格式中,每个网格点上的电场(磁场)分量仅与它相邻的磁场(电场)分量及上一时间步该点的电场(磁场)值有关。在每一时间步计算网格空间各点的电磁场分量,随着时间步的推进,能模拟电磁波的传播以及电磁波与物体的相互作用过程。被模拟空间电磁性质的参量按空间网格给出,因此只需为相应空间点设置适当的参数,就可以模拟各种复杂的电磁结构。无论是散射、辐射、传输、透入还是吸收,也无论是瞬态问题还是稳态问题,只要能正确地对源和结构进行模拟,时域有限差分法就能给出正确的解答。

但是,由于计算电磁学方法都强烈地依赖于计算机资源,因而它的实现面临着一些问题,很多复杂的电磁问题不能计算,往往不是因为没有可用的方法,而是因为计算条件的限制。单个计算机能解决的问题规模大约在 10 个波长数量级,当问题规模继续增大时,单个计算机的计算速度和内存都无法满足计算的需要。例如,在实际的工程应用中,经常遇到电大尺寸或复杂结构目标的计算,为了满足算法的稳定性条件和对计算精度的要求,必须划分数量庞大的网格,此时庞大的计算量和内存需求是普通 PC 机所不能满足的,并行技术便很自然地被引入计算电磁学中。

随着计算机技术的飞速发展,集群技术和多核技术已经广泛应用于生产生活、科学计算和工程应用等各个领域,并行计算技术已经成为高效利用计算机资源的一种有效手段,它把一个大任务划分成多个子任务,分配给并行计算系统中的多个处理器,每个处理器只需要处理大任务的一部分,多个处理器同时工作,以空间换取时间,同时每个处理器还可以根据自己的内核数目,把分得的子任务进一步划分成更小的子任务,再分配给每个核去处理。

FDTD 算法结合并行计算技术,能够解决很多十分复杂的电磁问题,且具有很好的稳定性和收敛性以及二阶精度,为运用 FDTD 进行电大尺寸或复杂结构的电磁问题数值模拟提供了一条有效的途径,因而在工程电磁学各个领域都颇受欢迎。而且,时域有限差分法较其他两种方法具有一个明显的优点,即它具有天然的并行特性,电磁场的递推仅需要其周围的信息,空间某处的电场值可以由该处上一时间步的电场值和其周围四个磁场的值计算得到,而空间某处的磁场值可以由该处上一时间步的磁场值和其周围四个电场的值计算得到,如果把整个计算域进行域分解,并把分解的各个子域交给不同的处理器去计算,这时电磁场的FDTD 迭代计算具有很强的局域性,每个处理器只需与相邻的处理器交换电磁场信息,即只需交换子域边界上的信息,因而具有很高的并行效率,并且在很大程度上可以解决单个计算机无法处理的大规模难题,虽然有限元法和矩量法也可以并行化,但是它们的并行计算效率远远低于时域有限差分法,所以时域有限差分法获得了其他方法不能与之相比的极其广泛的应用,时域有限差分法的并行算法也越来越受到人们的普遍关注,各种并行算法和并行加速技术纷纷涌现。科学家、电磁工作者等提出了各种各样的并行算法来解决这些问题,如基于消息传递接口(Message Passing Interface, MPI)的并行技术和共享存储的 OpenMP 等。

并行处理是解决人类面临的重大挑战问题的关键技术。随着 CPU 多核技术和集群技术的发展,并行处理在科学研究、工程计算以及商业计算等领域得到了越来越广泛的应用。并行程序的开发和并行算法的设计也成为并行处理技术的核心问题,人们进行了各种各样的尝试,提出了多种并行程序开发方法和并行算法结构。近年来,MPI 和 OpenMP 逐渐脱颖而出,成为并行程序开发的主流方式。

　　MPI 是消息传递库的标准,是对现有编程语言的一个扩展,提供创建和结束并行进程的函数,进程同步和通信功能的函数,以及区分公共数据和私有数据的手段,几乎所有的并行计算机都支持 MPI 标准通信库,因此使用 MPI 开发出来的程序具有很好的移植性,也是最流行的一种并行编程方式。OpenMP 是共享存储标准,支持多核下的多线程并行编程,包括一套编译指导语句和一个用来支持它的函数库,由于多线程之间共享存储,所以线程间无须通信,节省并行通信开销,也普遍受到欢迎。大多数拥有成百上千个 CPU 的大型计算机是通过将多处理机集中起来得到的,很多大型集群是由双 CPU 甚至更多 CPU 节点组成的,在这种情况下,使用 MPI 和 OpenMP 混合编程的并行算法比单纯用其中之一执行效率更高,因此有很多文献都研究了融合 MPI 和 OpenMP 技术的混合并行算法。近几年,又有一些学者提出了用图形处理单元(Graphic Processing Unit,GPU)加速 FDTD 算法的方法。

　　并行计算是计算科学的一个重要分支,并行计算机是并行计算发展的基础,涉及处理器、互联网络、存储、操作系统等多个方面,是由多种部件整合而成的大型系统。并行计算机由一组处理单元组成,这组处理单元通过相互之间的通信与协作,以更快的速度共同完成一项大规模的计算任务。因此,并行计算机最主要的两个组成部分就是计算机节点和节点间的通信与协作机制。

　　作为并行计算的一个分支,高性能计算以及相应的高性能计算机很好地反映了当前高性能计算的发展情况。著名的高性能计算机评测网站 TOP500(http://www.top500.org/)创建于 1993 年,它以国际上公认的、具有最高性能的并行 Linpack 基准测试为标准,根据可达最高性能大小对参加测试的计算机进行排名,是当前高性能计算机评测上最权威的评测组织。

　　TOP500 已经成为衡量当今高性能计算领域发展水平的事实标准,人们从中不但可以了解高性能计算领域的最新技术和发展趋势,更可以据此预测未来高性能计算产业的走向。现在,TOP500 都会在每年的 6 月和 11 月公布最新的排行榜,在 2010 年 11 月 TOP500 排行榜中,安装在我国国家超级计算天津中心的"天河一号"跻身第一位。但是,仅过了一年的时间,即 2011 年 11 月,日本的 K Computer 便超过了我国的"天河一号",一跃成为排行榜的第一位。

　　表 1-1 收集了自 2002—2011 年每年 11 月 TOP500 公布的有关数据,其中 R_{max} 和 R_{peak} 分别表示超级计算机的 Linpack 性能实测计算速度和理论峰值计算速度,η 表示总的计算效率,绿色指数 = R_{max}/功耗,即 Linpack 测试中该计算机 1 个功率单位能做多少个 Tflops 次的浮点运算,绿色指数单位为 Tflops/kW,速度单位为 Tflops,功率单位为 kW。

表 1-1　2002—2011 年 TOP500 高性能计算机排行榜有关数据

年份	计算机	核心数	R_{max}	R_{peak}	$\eta/\%$	功率/kW	绿色指数/（Tflops/kW）	国家
2002	Earth-Simulator	5 120	35.86	40.96	87.55	3 200.00	0.011	日本
2003	Earth-Simulator	5 120	35.86	40.96	87.55	3 200.00	0.011	日本
2004	IBM Blue Gene	32 768	70.72	91.75	77.08	—	—	美国
2005	IBM Blue Gene	131 072	280.60	367.00	76.46	1 433.00	0.196	美国
2006	IBM Blue Gene	131 072	280.60	367.00	76.46	1 433.00	0.196	美国
2007	IBM Blue Gene	212 992	478.20	596.38	80.18	2 329.00	0.205	美国
2008	IBM BladeCenter	129 600	1 105.00	1 456.70	75.86	2 483.47	0.445	美国
2009	Cray XT5-HE	224 162	1 759.00	2 331.00	75.46	6 950.60	0.253	美国
2010	NUDT TH MPP	186 368	2 566.00	4 701.00	54.58	4 040.00	0.635	中国
2011	K Computer	705 024	10 510.00	11 280.38	93.17	12 659.89	0.830	日本

从表 1-1 可以看出，十年间 TOP500 高性能计算机第一名的理论峰值计算速度和 Linpack 性能实测计算速度分别增长了 274 倍和 292 倍，高性能并行计算总的计算效率基本在 75% 以上。纵观十年 TOP500 高性能计算机结构，尽管多核、众核、GPU 计算使高性能计算释放出更大能量，但目前大规模并行计算体系结构主流应用仍然离不开集群（Cluster）和大规模并行处理机（Massive Parallel Processor，MPP）。

在运算速度飞速发展的同时，并行计算机的体系结构也发生了深刻的变革。特别是随着商品化计算机系统和网络设备的发展，目前越来越多的并行计算机系统采用商品化的微处理器加上商品化的互联网络来构建，从而以较为低廉的成本获得卓越的性能，这种分布存储的并行计算机系统称为集群。大规模集群系统已经取代最初的向量并行结构，在高性能并行计算机中占据了主导地位。表 1-2 给出了 2007—2011 年 TOP500 发布的各种体系结构在其中所占的份额。从表 1-2 可以看出，集群系统占据了绝对优势，但目前一些大规模主流应用仍然离不开大规模并行处理机结构，因此 MPP 的份额相对稳定，而其他体系结构并行计算机的份额几乎可以忽略。

表 1-2　2007—2011 年 TOP500 发布的高性能计算机架构

体系结构	2007 年		2008 年		2009 年		2010 年		2011 年	
	6 月	11 月	6 月	11 月	6 月	11 月	6 月	11 月	6 月	11 月
集群	74.6%	81.2%	80%	82%	82%	83.4%	84.8%	82.8%	82.2%	82%
MPP	21.4%	18.2%	19.6%	17.6%	17.6%	16.2%	14.8%	16.8%	17.4%	17.8%
其他	4%	0.6%	0.4%	0.4%	0.4%	0.4%	0.4%	0.4%	0.4%	0.2%

图 1-1 给出了 1994—2011 年 TOP500 公布的高性能计算机性能增长曲线。从图 1-1 可以看出，TOP500 公布的前 500 名高性能计算机的性能总和、排行榜第 1 名和第 500 名计算

机性能等各项内容均保持持续增长的态势，2011 年，计算速度达到了 Pflop/s，即千万亿次的数量级。

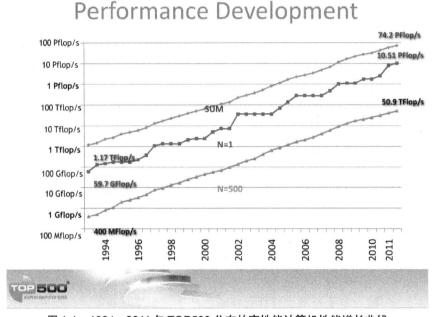

图 1-1　1994—2011 年 TOP500 公布的高性能计算机性能增长曲线

并行计算以及支持并行计算的高性能计算机是一个国家经济和科技实力的综合体现，也是促进经济、科技发展以及社会进步和国防安全的重要工具，已经成为世界各国竞相争夺的战略制高点。世界各国对高性能计算机与并行算法的研究都十分重视，纷纷制定战略计划，提出很高的目标，投入大量的资金，如美国、日本等发达国家都有自己的电磁高性能计算研究中心。我国对高性能计算机和并行算法的研究也有一定的基础，但发展较晚，仍处于尝试与起步阶段。

另外，对单指令多数据（Single Instruction Multiple Data，SIMD）的指令级并行计算的研究也是一个热点，特别是在 2011 年初，Intel 公司在其 Sandy Bridge 家族的第二代处理器中把 MMX 和 SSE 指令集扩展为高级矢量扩展（Advanced Vector Extensions，AVX），更引发了国内外科研工作者对利用处理器中矢量单元进行并行计算的研究兴趣。

1.2　国内外研究现状

首先了解一下国内外并行 FDTD 及其应用的研究现状。鉴于软硬件方面的优势，国外在并行 FDTD 算法方面开始得比较早，也取得了很多成果。

1991 年，E. K. Miller 在阐述大尺寸电磁问题进行建模时的计算复杂度并给出几种方法用以减少计算需求的时候，首次提出了在域分解基础上的并行 FDTD 计算的设想。

1993 年，W. J. Buchanan 等用三维 FDTD 方法仿真微带天线辐射问题时，为了减少仿真时间，采用了基于域分解的并行处理技术；W. Kumpel 等用并行 FDTD 算法分析了平面微波电路，讨论了处理器间的任务均匀划分问题，并行模式采用管理者 - 工人主从模式，管理者负责从文件中读取微波结构、区域划分、初始化工人任务等。

1994 年，M. A. Jensen 等提出了 FDTD 算法的时间并行化方法，即同时在多个时间步计算电磁场值，这种并行化方法与基于域分解的空间并行化方法不同，它对通信和同步要求很低，适合在 MIMD 类型的机器上运行；V. Varadarajan 等利用 PVM 在工作站集群上实现了以太网 TCP/IP 协议下对三维矩形谐振腔的 FDTD 并行计算；D. P. Rodohan 等对几种不同的并行和串行 FDTD 实现方法进行了评估，分析了在非专用 Sun 工作站集群使用 PVM 实现并行 FDTD 代码的设计策略；D. B. Davidson 等讨论了使用 FDTD 对三维光脉冲在线性材料中的传播的建模方法，介绍了一个运行在大规模并行处理器上的完整三维方案和修改过的公式，给出了高斯光束与线性薄透镜相互作用的计算结果，概括了此方法向非线性材料的扩展。

1995 年，K.C.Chew 等在小型交换机上用并行 FDTD 方法分析了空气中介质球的散射特性；S.D.Gedney 等在高性能分布式内存向量 / 并行计算机上实现了 FDTD 并行算法，该算法每个时间步只需要一次处理器间的通信，因此具有较高的并行效率；Z. M. Liu 等在 CM-5 并行机上实现了 FDTD 并行算法，讨论了核心 FDTD 算法的并行化方法、PML 吸收边界条件、Mur 吸收边界条件以及远 - 近场变换方法；Amir Fijany 等提出了将大规模并行技术用于麦克斯韦方程组的 FDTD 求解的新策略，与以前空间并行技术不同，此新策略通过并行处理所有时间步来开发大规模的时间并行，使用具有优越数值属性的隐式 Crank-Nicolson 技术，对通信和同步要求比较简单，此方法尤其适合 MIMD 架构，使用此方法对圆柱体问题进行了测试，同时讨论了此方法对复杂物体的通用性；P.D.Sewell 等介绍了一个靠近人体头部的基本天线模型，并用两种不同的方法，即高效并行 FDTD 方法和分析方法分别对此模型进行了分析，且对分析结果进行了对比，证明并行 FDTD 方法得到的结果与理论结果一致。

1996 年，S. Gedney 等针对电大尺寸接地共面电路的全波分析问题提出了 PGY 算法，并在大规模并行计算机上实现了此算法，PGY 算法与传统的基于 FDTD 方法的 Yee 算法相比具有一个明显的优势，即 PGY 算法是基于非结构化不规则网格的，如果微波电路只在 x-y 平面内具有详细特征，而在 z 方向只有互连通孔，那么在 PGY 算法中只需存储二维网格信息，这大大减少了对内存的需求；A. D. Tinniswood 等讨论了大规模并行处理计算机在 FDTD 算法中的应用，使用基于 PVM 的消息传递算法在拥有多达 128 个处理器的网络中分发大规模任务，并使用了行业标准 FDTD 程序的新并行版本。

1997 年，W. C. Chew 等介绍了探地雷达的三维 FDTD 仿真，土壤被看作不均匀、有导电损耗和强色散的材料模型，采用伸展坐标 PML 吸收边界，开发了适用于 32 位处理器系统的三维并行 FDTD 代码，该代码具有线性加速比。

1998 年，P. Palazzari 等利用 FDTD 算法在分布式存储大规模 SIMD 并行系统上对微带贴片天线阵列进行了仿真，给出了仿真内存和仿真时间估算公式，为了减小问题规模，在贴片天线附近采用精细网格，而距离天线较远的区域采用粗网格剖分，该并行算法专门用于贴片天线阵列的仿真。

1999 年，H. Hoteit 等为了减少计算时间和充分利用高可用内存空间，分别在 Fujitsu VPP300 和 Cray C90 矢量 / 并行机上采用基于 MPI 库的并行 FDTD 方法分析微波平面天线，采用无重叠域分解技术对计算区域沿着三个方向进行均匀分割，从程序运行时间、加速比、通信模式、负载平衡和可扩展性等几个方面讨论了并行程序的性能。

2000 年，G. A. Schiavone 等使用 Linux 工作站集群实现了基于 MPI 库和 POSIX 线程的并行 FDTD 计算，对于给定的问题规模，分析了处理器数目与加速比的变化关系；M. Sypniewski 等提出了两种基于多线程编程技术的加速 FDTD 计算的方法，其中 MS-FDTD 方法是基于低阶空间分解的，子电路的计算在不同的处理器上进行，MF-FDTD 方法采用三个正交场分量并行更新的方法，论证了两种方法在微波工程问题快速分析领域的适用性，并分别在具有 2 个处理器和 4 个处理器的计算机上对此算法进行了测试。

2001 年，C. Guiffaut 等描述了使用 MPI 库实现并行 FDTD 算法的要点，为了加速和简化并行 FDTD 算法，采用 MPI 笛卡尔二维虚拟拓扑结构，利用派生数据类型来优化进程间的通信；同时，也讨论了辅助工具并行化的方法，如远 - 近场计算等，为了避免分裂场 PML 吸收边界导致的过多的计算负载，采用新的 GUEHPMLs（Generalized un-split EHPMLs）算法，从而大大简化了计算机编程，并且这种新的算法与并行 FDTD 算法能够很好地兼容。

2002 年，Y. Miyazaki 等给出了一种特殊的二维并行 FDTD 新方法用以降低大区域并行 FDTD 算法对内存的需求，给出了与 Yee 方程等价的一个线性方程组，提出了使用高斯回代法的递归算法，这种算法适用于网络工作站的并行处理，同时讨论了此算法的优点，并对此算法进行了验证；H. Asai 等针对具有电磁兼容和信号整合的印刷电路的新方法介绍了一种基于分布式并行 FDTD 方法的全波电磁干扰仿真器，此仿真器运行在 PC 集群上，使用这种仿真器，可以在合理的时间内对大规模印刷电路板进行全波分析；W. Walendziuk 等给出了一个基于 MPI 通信库的标准的并行 FDTD 实现，在异构 PC 集群上验证了此并行算法，比较了此并行 FDTD 算法和 QWED 出版的 QuickWave 程序的计算结果。

2003 年，L. Catarinucci 等提出了一种基于并行 FDTD 方法的全波解决方法，给出了准确的数值人体模型，将并行 FDTD 方法与数值人体模型结合，用于分析人体暴露在基站天线附近的生物电磁特性；J. de S. Araujo 等使用并行 FDTD 方法在 Beowulf 集群上进行了天线研究，并对天线研究中所用的串行算法和并行算法所需的仿真时间进行了对比；F. J. B. Barros 等提出了将磁矢势与并行 FDTD 方法结合来得到口径天线的辐射图的方法，得到的结果与传统的 FDTD 方法的结果完全相同，而且这种新方法的计算公式比传统 FDTD 方法要简单，仿真时间也比传统 FDTD 方法所需时间要短。

2004 年，M. F. Su 等实现了基于 OpenMP 共享存储编程和 MPI 消息传递的混合并行 FDTD 算法，实现了 FDTD 算法的两级并行化；W. H. Yu 等提出了一种带有重叠计算区域的优化并行共形技术，此技术可以实现进程间更加高效地交换场值信息，并给出了新的并行计算数据收集技术；S. E. Krakiwsky 等用图形处理单元（GPU）加速了 FDTD 算法；T. Su 等研究了 FDTD 对电大问题仿真过程中出现的不稳定问题以及在 PML 区域使用非均匀网格引起的不稳定问题，提出了几种使用的方法来克服这些不稳定问题，如增加 PML 的层数，在 PML 区域使用与电导率类似的介电常数分布等，并用一个天线阵列仿真对这些方法进行了验证；M. F. Su 等基于 OpenMP 共享存储编程和 MPI 消息传递接口开发了一个高性能混合并行 FDTD 算法,并利用此混合并行算法,在 SGI Origin 2000 分式式共享内存 C-NUMA 系统上详细研究了光子带隙晶体材料光源的光学特性,获得了较高的并行性能,同时讨论了此混合并行算法的优缺点。

2005 年,W. H. Yu 等提出了一种基于 MPI 库的并行共形 FDTD 技术,在此基础上发展了一个鲁棒共形网格设计技术,同时介绍了几种新的 FDTD 激励方法,如矩形和圆形波导、集总单元、匹配端口等,通过几个典型的例子分析了并行 FDTD 代码的效率,并用该算法开发了软件包;L. Catarinucci 等提出了可变网格 FDTD（Variable Mesh-FDTD）来实现自然高效地并行化 FDTD 算法,以解决管理大量的内存需求问题,并用天线特性分析以及人体与电磁辐射源间的相互作用等问题对此算法进行了验证,估算了内存需求和计算复杂度,讨论了可变网格 FDTD 算法的特点。

2006 年,H. E. Abd-El-Raouf 提出了几种新的 FDTD 技术来解决电大电磁结构问题,这些新技术的优势在于能够处理包含复杂特性、非均匀介质、复杂几何结构和多尺度特性等的问题;R. Mittra 等提出了一种新技术用以解决 EMI/EMC 在复杂平台上的天线的共址问题,通过修改并行 FDTD 算法就可以很容易地解决此类问题,其中一个关键的步骤称为 Serial-Parallel FDTD（SPFDTD）;A. Ray 等开发了二维并行 FDTD 代码来仿真来自地球表面大气核爆炸的核电磁脉冲,讨论了描述各种物理相关的核爆电磁脉冲模拟代码模块,介绍了此代码基于域分解和 MPI 库的并行实现,研究了当处理器数目增加时并行代码的并行效率,讨论了通信时间对加速比的限制;K. Chun 等针对纳米尺度光子集成电路在 GNU/Linux 集群环境下实现了并行 FDTD 方法,完成了对光子集成电路中等离子体波导的仿真,对 Yee 算法进行了修改以处理色散材料,仿真程序可以仿真色散和非色散介质;R. Rosenberg 等利用首次由 Blackstock 提出的理论,通过添加一个附加项,对线性波动方程进行了修改,从而把材料的色散特性考虑在内,在 DoD HPCMP 多核/多处理器平台上对此算法进行了验证,对基于 MPI、OpenMP 和 MPI+OpenMP 混合的三种并行算法进行了比较。

2007 年,M. L. Xu 等提出了用微波断层扫描技术检测乳房异常的方法,此方法主要包括遗传算法和 FDTD 算法,并在分布式内存的机器上实现了两种算法并行化;S. Adams 等在图形处理单元（GPU）上实现了 FDTD 方法,说明了 GPU 是如何加速 FDTD 仿真的,开发了新的 FDTD 代码,在此方法中程序通过标准的 OpenGL 访问图形硬件;A. Smyk 等提出了一个仿真不规则区域电磁波传播的 FDTD 计算的优化设计算法,计算程序表示成宏观数据流图,然后被分割并分配给处理器来优化并行执行,提出了两步分层优化方法;T. Ciamulski 等测试了共享存储计算机的各种内存配置对并行 FDTD 处理效率的影响。

2008 年,W. H. Yu 等介绍了模拟电大问题的高性能 Beowulf 集群的发展,在 BlueGene/L 超级计算机上测试了并行 FDTD 算法的并行效率,使用 4 000 个处理器仿真电大贴片天线阵列,并行效率高达 90%;N. Oguni 等在多核 CPU 的 PC 集群上实现了并行分布式 FDTD 程序,实现了自由空间二维电磁问题的仿真,并验证了此并行方法的有效性;T. Ciamulski 等提出了一种不同的 FDTD 仿真并行化方法,给出了一个欧洲的项目,此项目主要是开发一个现有串行的专业 FDTD 仿真软件的并行版本,并讨论了串行代码向并行演变的步骤;A. Smyk 等提出了两种算法来改造和优化运行在多处理器系统中的不规则区域的 FDTD 计算,并对这两种算法进行了对比,两种算法都是基于不同设计的染色体遗传方式,分别在基于 MPI 和 RDMA 通信的分布式内存和共享内存的多处理器系统中对两种算法进行了测试；L-C. Ma 等给出了基于分裂场公式的 PBC/FDTD 的有效并行实现,从而在使用多处理器时能够显著减少仿真时间,同时给出了 PBC/FDTD 算法中 CPML 吸收边界的有效实现；I.J. Buss 等使用高性能并行计算集群实现了发光二极管的三维 FDTD 仿真,并行仿真速度比串行仿真速度提高了大约 6 倍。

2009 年, T. D. Drysdale 等首次将 CPML 边界应用到并行 ADI-FDTD 代码中,用 80 亿个网格的大规模并行仿真实验对此代码进行了效率和准确性评估,发现其在节省通信开销的同时增加了计算负载,而且较大区域得到的远场图形在 PML 边角出误差增大；I. J. F. Freitas 等部署了一个基于 UNICORE 6 中间件的网格环境,用来分析安全级别、与其他中间件的兼容性和可用资源的整合、可视化和管理不同的电磁应用,在此网格环境中封装了一个 Java 开发的多平台 CAD 软件来建模电磁设备,还封装了一个 C++ 开发的并行 FDTD 程序,在网格环境下实现了三维并行 FDTD 算法, C. Ong 等提出了使用可扩展 GPU 集群方法来加速大规模 FDTD 电磁仿真,给出了软硬件的实现方法,并用一个立方体谐振腔仿真结果验证了该集群的性能。随后,大批关于 GPU 和 CUDA 加速 FDTD 仿真的文献如雨后春笋般涌现。

2010 年, W. H. Yu 等在计算电磁学的背景下讨论了并行处理技术的新进展,给出了并行 FDTD 算法在高性能集群、PC 集群、多核处理器、GPU 和 IBM CELL 处理器等不同硬件平台上不同的操作系统(如 Linux 和 Windows)中运行的性能研究结果；J. Yeo 等提出了利用基于 MATLAB MPI 的并行 FDTD 算法分析室内办公室电磁环境的方法,办公室模型为砖墙,室内放置一个木桌和一个木柜,两个不同频率的天线放在办公室的不同位置,通过仿真得到两个天线的 S 参数,并将其与 CST 微波工作室得到的同样天线的 S 参数进行了对比；W. H. Yu 等使用并行共形 FDTD 技术仿真了由贴片阵列馈电的大尺寸反射天线,对于具有对称的结构天线,提出了仿真天线结构的四分之一的方法,但是对于非对称激励源,需要使用不同的边界条件仿真三次并将仿真结果合并,才能得到原始问题的解,最后用一个小的结构问题来验证此方法。

2011 年, C. Argyropoulos 等利用并行径向依赖 FDTD 全波仿真技术研究了镶嵌在背景介质上的人造球面光学黑洞的吸收性能,非常清楚地了解了这种人造吸收设备的性能；A. C. M. Austin 等通过坡印廷矢量的精简计算发展了一个可视化能量流的新方法,并用此方法结合三维并行 FDTD 方法测试了多楼层建筑内 1.0 GHz 电磁波的主导传播机制,发现当建筑物内有金属和有损介质时,电磁波传播机制会有明显的变化；C. J. Webb 等给出了使用 CUDA 计算室内声学的三维 FDTD 方法,此方法考虑了边界损失和空气黏度的影响,并在一个虚拟的房间里对此方法在具有最新 FERMI 架构的两个不同的 Nvidia Tesla 卡上进行了测试,将 C 语言编写的串行仿真程序与 GPU 上运行的基于 CUDA 的并行程序仿真时间进行了对比,得到的加速比高达 80；D. Ireland 等在 NVIDIA 的 CUDA 架构上实现了对 FDTD 方法的加速,然后将此加速方法应用到医学领域,仿真了 10 个不同的模拟人,并将开发的程序分别在 CPU 和 GPU 上运行,对运行的时间进行了对比,得到的平均加速比为 24；T. P. Stefanski 等提出了基于 OpenCL 和 MPI 库的混合并行 FDTD 算法,并对此混合并行算法进行了初步的评估,其中域分解沿着最慢的方向进行分解,电磁场边界数据通过 OpenCL 或者

MPI 通信在子域间共享,还开发了基于此算法的可移植性非常好的混合并行程序,此程序既能在多核 CPU 搭建的集群上运行,也能在 GPU 集群上运行,最后通过数值实验对此混合并行算法进行了测试;A. Smyk 等提出了一种在可用的处理器间均匀分配负载的 FDTD 优化算法,此优化算法基于与遗传算法结合的 FDTD 程序宏观数据流图的分析,用两种不同的染色体结构的遗传算法对此优化算法进行了测试,对于一个给定的仿真区域分析了遗传算子对负载分配质量的影响,介绍并测试了几种负载分配的改进方法,如混合适应度函数、补偿操作等;D. Orozco 介绍了一种新的执行模式,即 TidFlow 执行模式,来处理多核架构中高性能计算方案的指定和执行问题,在这种模式中程序员指定各种计算的优先顺序,同时在 IBM160 核架构的 Cyclops-64 上实现了这种执行模式,并使用几种高性能程序对 TideFlow 的效率进行了测试,如一维和二维 FDTD 算法、矩阵乘法和傅立叶变换等,测试结果表明 TideFlow 使用非常少的时钟周期来完成任务的创建、调度和终止。

在国内,高性能计算也越来越受到人们的重视,但是由于计算机硬件的限制,并行 FDTD 发展比国外要晚得多。最近几年,随着银河、曙光、天河一号等一批优秀并行系统的推广,特别是具有完全自主知识产权的“龙芯”处理器的研制成功并应用于大型机,并行 FDTD 算法取得了很大的发展。

2003 年,闫玉波等应用基于消息传递(Message Passing,MP)模式的网络并行计算系统实现了并行 FDTD 方法,通过区域分割技术将 FDTD 计算区域分割成多个子区域分别进行计算,各个子区域在边界处与其相邻的子区域进行切向场值的数据交换以使整个迭代进行下去,从而实现 FDTD 并行计算,并采用 PVM 并行平台实现了二维和三维并行 FDTD 算法;薛正辉等提出了 FDTD 方法在微机互联构成的机群并行计算系统上以消息传递方式执行的一种实现方案,组成了验证性的机群并行计算系统,以一维和三维典型算例验证了此算法的可行性、正确性和高效性;张玉等研究了 MPI 信息传递接口支持下的三维并行共形网格 FDTD 算法,并利用典型 PC 集群的硬件环境进行了具体的实例测试,采用此方法对一维圆形光子带隙微带滤波结构的 S 参数进行了计算。

2004 年,郑奎松等应用计算机局域网,采用基于消息传递 PVM 平台和区域分解技术,实现了三维电磁散射的并行 FDTD 计算,给出了在 FDTD 两个相邻子区域交界面上所需要传递数据量的估算和分析,在一个实际的计算机局域网环境下测试了网络并行 FDTD 计算三维机翼目标散射时的并行加速比和并行效率,讨论了并行计算中的附加通信量、网络通信性能和负载平衡对 FDTD 并行计算的影响;刘新等讨论了利用网络进行 FDTD 并行计算时需要解决的两个关键问题,即区域划分及负载平衡策略,并利用局域网内的 2 台和 4 台 PC 实现了对平面光波导实例的并行计算。

2005 年,蒲洋等讨论了基于 MPI 库的并行 FDTD 算法的实现,并在 Beowulf 型微机集群上模拟了一个典型的二维电磁问题,还讨论了并行算法的执行时间、并行加速比、并行效率与进程数之间的关系;张玉等在 MPI 编程环境下研究了不同虚拟拓扑结构方式的三维并行时域有限差分算法,将程序运行于组建的高性能 PC 集群系统中,计算分析了一种新型光子带隙微带传输线结构的 S 参数特性,深入地比较了不同 MPI 虚拟拓扑方式对 PC 集群系统中并行 FDTD 性能的影响,给出了 PC 集群中 MPI 编程环境下并行 FDTD 的最佳虚拟拓扑方式;梁晓冰等将 MPI 库与电磁场时域有限差分法结合,进行了初步探讨,得到的并行加速比为 1.8;张玉等研究了 MPI 虚拟拓扑对并行 FDTD 算法性能的影响;冯菊等针对网络并行系统特点结合 FDTD 算法,提出了有效的优化步骤,采用 MPI 并行函数库实现了高效率FDTD 并行计算,在一套 16 台微机组成的网络并行计算机系统上完成了三维 FDTD 并行计算测试;冯峰等提出了在由微机互联工程的机群并行计算系统上应用基于消息传递的方式实现二维 FDTD 并行算法,仔细分析了与 FDTD 相关的外围边界的并行化处理,以二维金属方柱算例对并行算法进行了验证。

2006 年,梁丹等在一套 Beowulf 型网络并行计算机系统上对 FDTD 并行化处理中的区域分割、临近子域之间的边界数据交换、数组操作和进程同步等关键步骤进行了研究和优化,提出了采用 MPI 并行函数的 FDTD 并行计算方案,通过三维 FDTD 并行计算举例,验证了并行计算的正确性,得到了较高的并行效率;杨利霞等利用基于消息传递模式的网络并行计算系统和区域分割技术成功地实现了电各向异性介质 FDTD 并行算法,计算了电大目标的 RCS,并行效率达到 87%,根据电各向异性介质 FDTD 迭代式,详细分析了并行算法中的数据通信规律,实现了局域网内各节点机的协同并行计算;朱志宏等构建了用于高性能并行计算的 PC 机群环境,利用三维并行时域有限差分算法在此机群上研究了光子晶体薄板 W3波导的传输特性,计算了 W3 波导的透射率频谱和光场分布。

2007 年,张晓燕等讨论了半空间 FDTD 的并行计算方法、入射源的特殊处理方式以及调节负载不平衡的方法等问题,给出了一种简单易行的地下目标雷达散射截面的并行时域有限差分方案,并进行了具体的程序实现和数值实验,计算了电大地下典型目标的雷达散射截面;张秋菊等以 AutoCAD 为图形支撑平台,应用 AutoCAD 的 Visual Basic for Applications,并结合 AutoCAD 的图形交换文件,开发了用于时域有限差分电磁仿真的三维网格自动剖分软件,在 AutoCAD 的绘图区绘制仿真结构,通过 Visual Basic for Applications 程序对此进行网格剖分,剖分后的所有图形信息以 DXF 文件格式保存,后续 Fortran 程序从中提取出每个网格点的位置坐标和电磁参数,将这些数据传送给时域有限差分程序进行电磁仿真,并用一个微带馈电金属贴片的例子验证了该软件的正确性和实用性。

2008 年,刘瑜等针对 MATLAB 软件的网络通信局限,如难以实现子域间的消息发送与接收操作等问题,提出了一种新的基于磁盘 - 内存互逆映射的解决方法,简化了并行 FDTD 算法的 MATLAB 实现,并应用此方法对光子晶体光渡导的电磁耦合效应进行了数值仿真研究;姜彦南等针对并行 FDTD 中以二阶 Mur、单轴各向异性介质完全匹配层(UPML)和卷积形式完全匹配层(CPML)为吸收边界的并行化处理方法进行了论述,利用金属球的远区散射计算以及与 Mie 级数解对比,验证了并行计算中三种吸收边界的吸收效果,最后给出了 UPMI 吸收边界 FDTD 计算内存估计公式,并以电大尺寸目标卫星模型为例对并行性能进行了测试,并行计算测试结果表明,UPML 和 CPML 并行 FDTD 计算的并行加速比及其效率整体上高于 Mur;姜彦南研究了基于 MPI 的时域有限差分并行算法及其在层状半空间介质散射 FDTD 计算中的应用;罗莉梅等在高性能计算机群上实现了基于 MPI 的并行FDTD 算法,并对并行算法中的数据交换方法和新数据类型的定义做了详细的描述,完成了$N \times M \times P(N、M、P \geqslant 3)$的并行 FDTD 算法研究;刘瑜等详细论述了利用 GPU 加速 ADI-FDTD 计算的基本原理与关键技术,并给出了在 GPU 上求解 ADI-FDTD 线性方程组的共轭梯度法实现框架;李正浩等针对一个采用电磁场 FDTD 算法的二维波导问题,首先对其计算方法和计算过程进行了简单描述,其次讨论了几个影响其并行程序执行效率的因素,结果表明,采取不同的并行方式,设定不同的调度策略,设置并行区线程数的大小均会影响并行程序的性能;B. Li 等提出了 FDTD 算法的一个新的混合并行模型,并在 Cell BE 上实现了此混合模型,此混合并行模型将域分解技术和单指令多数据并行技术结合起来,具有较高的并行效率。

2009 年,徐藻等通过 Linux 下 PC 集群的 MPI 库构造了并行的 FDTD 计算环境,用并行 FDTD 方法研究了电磁波传播对介质层的散射过程,并对此并行算法进行了优化,优化后的并行算法获得了更好的计算和通信的平衡性,增加了并行的粒度,负载得到了更好的平衡,并行性能获得了显著的提高;雷继兆等利用时域有限差分法和一致性几何绕射理论(Uniform Theory of Diffraction,UTD)混合算法分析了机载相控阵天线的辐射方向图,首先利用并行 FDTD 方法通过全波分析得到了精确的相控阵的辐射复矢量场,然后将此结果作为源代入 UTD 算法来预测相控阵受机体的影响;雷继兆等以舰船模型上两根超短波天线的远场辐射分析为例,采用各种节点配置和 MPI 虚拟拓扑结构进行计算,分析了不同 MPI 虚拟拓扑对并行性能的影响,提出了刀片服务器平台中 MPI 编程环境的并行 FDTD 的最佳虚拟拓扑选择原则,以 F117 飞机模型为例,利用此方法准确快速地计算了其工作于 2 GHz 的雷达散射截面;雷继兆提出了 PC 集群并行 FDTD 方法中最佳虚拟拓扑的概念,有效地节约了 FDTD 计算时间;刘瑜等引入局域网两层并行能力的概念,利用 MPI 和 OpenMP 实现了两级混合并行 FDTD 算法,实现了数据与任务的两层并行化,并对一种常见的车载隐藏式印刷天线进行了模拟研究;王文举实现了基于 NET Remoting 技术的 MOT、TD-AIM、PWTD 算法的分布式并行计算。

2010 年,邵桢等利用 GPU 加速 FDTD 算法,实现了更长的脉冲持续时间和庞大的模型求解与仿真;赖生建等针对电大问题的 FDTD 仿真,在共享内存系统中提出了一种不交换数据的并行 FDTD 计算方案,即利用共享内存系统的通用多核处理器架构,直接读取并行场域边界面的数据实现并行计算,采用自主开发的多线程技术实现 FDTD 的并行计算;黄隽等提出了基于共享存储 OpenMP 标准与消息传递 MPI 的时域有限差分 - 通用电路仿真程序 FDTD-SPICE 并行同步算法,建立了在电磁脉冲激励作用下的动态耦合模型,解决了飞机电磁软杀伤动态评估的难题,并以某军机为例,开展了电磁武器的座舱耦合分布电磁场和 FDTD-SPICE 等效电路的并行同步仿真实验与防护评估分析;K-D. Zhang 等给出了一个二维 ADI-FDTD 算法的并行实现来分析传输线的特性,此并行算法基于共享存储系统的 OpenMP 库,同时用一个有损微带线在多核 PC 上对此算法进行了验证,并行效率高达 90%,当使用 6 个核来并行处理时,得到的加速比为 5.4。

2011 年,刘真等应用计算机局域网,基于消息传递方式和区域分割技术,实现了 FDTD 的并行计算,并用无限长线电流源在自由空间辐射对并行 FDTD 算法进行了验证,最后通过减少通信数据量、优化数据交换方式及通信和计算重叠的方法,优化了并行算法的数据通信;李瀚宇等介绍了 JEMS-FDTD 在大规模并行计算机上进行的并行性能测试,包括网格片大小对性能的影响、单节点 MPI/OpenMP 混合并行性能、多节点 MPI/OpenMP 混合并行性能、大规模并行性能等,同时对一个电大尺寸复杂的真实结构模型进行了计算、分析;殷勤等采用基于消息传递模式的网络并行计算系统和区域分割技术实现了并行时域有限差分算法,研究了磁场畸变规律,引入了误差校正矩阵,修正了发射矩阵,进而校正了磁场畸变引起的目标参数定位误差,采用正交多项式拟合的算法求解误差校正矩阵,数值模拟结果验证了校正方法的正确性;朱湘琴等使用基于消息传递接口平台的用于同轴线馈电的时域有限差分并行算法,并结合天线理论模拟分析了同轴线馈电的辐射波电磁脉冲模拟器双锥笼形天线在双指数脉冲电压激励下的脉冲辐射特性;胡媛等应用 FDTD 算法的并行特性和通用图形处理器(GPGPU)技术,实现了一种基于 CUDA 的三维 FDTD 并行计算方法,采用 CPML 吸收边界条件模拟了开域空间,对不同网格数目标进行仿真计算,并结合 FDTD 算法和 CUDA 的特点对此算法进行了优化,优化后 GPU 运算相对于同时期的 CPU 可获得 25 倍以上的加速;朱良杰等提出了优化的基于 MPI 和 OpenMP 的 FDTD 两级化并行算法,搭建了 SMP 集群系统平台,并在此平台上实现了上述混合并行算法,通过对一个金属长方体的散射问题分析,把混合编程算法与基于 MPI 的 FDTD 并行算法进行了比较,得出了混合并行算法具有更好的加速比和带宽利用率的结论;段鑫等针对多核 PC 集群系统,提出了一种基于 Windows Socket(WinSock)来实现高效的进程间通信的高性能并行 FDTD 算法,同时采用多线程技术充分利用多核处理器资源,计算了一个埋在相对介电常数为 4.0 和电导率为 0.001 的泥土里的金属管的散射场,获得了优于基于 MPI 的 FDTD 算法的并行效率。

尽管国内对并行 FDTD 的研究已经取得很大的成果,并行 FDTD 算法已经被广泛应用于工农业生产和日常生活的各个领域,并行效率已经得到很大的提高,并行算法已经得到很大程度的优化,但是对并行 FDTD 仿真的加速研究从来没有停止过。目前,国内外的并行 FDTD 算法大都是基于 MPI 库或者 OpenMP 共享存储编程或者基于这两者的结合,也有部分文献的并行 FDTD 算法是在 MATLAB 并行环境下实现的,但无论如何,算法的并行结构大都是一级或者两级并行。最近几年,利用 GPU 加速 FDTD 算法也成为一个研究的热点。

另外,自 Pentium III 处理器出现开始,Intel 公司的处理器都加入了对 SSE 指令集的支持,利用 SSE 指令集的 SIMD 技术加速各种算法和应用的文献也很多,本书对国内外 SSE 指令集的研究及其应用也做了详细的了解和分析,首先了解一下国外使用 SSE 指令集加速各种算法的现状。

2000 年,S. K. Raman 等对 SSE 指令集做了详细的介绍,包括 SSE 指令集的主要指令类型及其使用,SSE 指令集的使用过程中内存和系统总线的增强方法等。

2002 年,J. Corbal 等针对 SIMD 计算速度快而内存带宽小的情况,提出了一种适合二维矢量架构和旨在提高 SIMD 内存指令有效带宽的新方法。

2003 年,G. Bernabe 等提出了几种优化算法用来减少基于三维小波变换的视频压缩过程的计算时间,其中有一种方法就是利用 SSE 指令集的数据级并行特性来减少浮点运算次数,然后在程序的关键部分利用循环展开和数据预取技术来优化算法。

2004 年,A. Servetti 等提出了几种实现快速 MPEG-4 ACC 声频解码的基于 SSE 指令集的加速技术并用汇编语言进行了实现和优化,获得了 5 倍的加速比。

2005 年,A. Shahbahrami 等利用 SSE 和 MMX 指令集实现了二维离散小波变换,它们在 Pentium IV 处理器上的运行时间与相应的 C 语言串行程序相比分别具有 4 和 2.6 的加速比。

2007 年,D. Takahashi 在多核处理器上实现了基于 SIMD 指令的并行二维 FFT 算法,用

SSE3 指令集加速 FFT 的核心部分,用 OpenMP 并行化 block-FFT,对于一个 210×210 的 FFT 问题,在 Intel Xeon(主频为 2.8 GHz,2 个 CPU,4 个核)和 Intel Core2 Duo E6600(主频为 2.4 GHz,1 个 CPU,2 个核)上分别得到了超过 2.7 Gflops 和 3.3 Gflops 的性能;L. T. Su 等提出了一个新的整数高斯卷积方法,利用基于 SSE 指令集的整数高斯过滤和缓存内存管理方案,实现了 SIFT 算法的实时处理,为了保证关键点检测的精度,优化了整数高斯过滤器蒙板,并将此新方法应用于各种图像的测试,计算时间可以减少约 1/4,同时把此新方法与原始浮点方法得到的计算结果相比较,两者几乎没有什么差别。

2008 年,A. Herout 等讨论了 LRD 特征及其属性,并基于 Intel 处理器提供的 SSE4.1 多媒体指令集实现了 LRD,讨论了 LRD 的 SSE 实现需要考虑的内存访问等细节问题;A. Shahbahrami 等在 Pentium Ⅳ等通用处理器上实现了二维离散小波变换,利用 MMX 和 SSE 技术实现了水平和竖直滤波,分别得到了 3.39 和 6.72 的加速比;R. Kutil 提出了一种新方法来解决 IIR 过滤器因数据依赖关系而较难实现 SIMD 并行的问题,并在 Intel 的 Pentium SSE 处理器上实现了多媒体指令集对 IIR 过滤器的加速,此新方法的计算速度是传统串行程序的 1.5~4.5 倍,并指出加速比能超过理想加速比 4 的原因可能是优化了缓存的使用;T. H. Tran 等使用 SSE2 指令集加速了运动估计计算,并在 Intel 的 Pentium Ⅳ处理器上进行了实现,其运算速度比不使用 SSE2 指令集加速的代码的运算速度快 3~4 倍。

2009 年,P. Djeu 等介绍了使用 SSE、SSE2 指令集加速粒子滤波器的方法,开发了一个 SSE 版本的蒙特卡罗自定位程序,与优化过的串行标量版本的同功能程序相比,得到了 9 倍的加速比,讨论了 atan、exp 等函数的 SSE 实现,仅这些数学操作本身就得到了 4 倍的加速比;J. Kim 等对有自主移动机器人的目标识别中快速特征提取算法进行了分析、优化、数据重构,使之适合并行处理,在此基础上,提出了基于 OpenMP、SSE 的 CPU 并行处理方法和基于 CUDA 的 GPU 并行处理方法,并分别在 Intel Core 2 Duo 2.66 GHz 的 CPU 和 Nvidia Geforce 8800 GT 的 GPU 上进行了实现,得到了较好的加速性能;G. Kiss 等使用 SIMD 模式优化了超声波心动描记术中的三维块匹配,实现了数据级的并行,基于 SSE 指令集和 CUDA 分别开发并验证了两种并行程序。

2010 年,O. El Hamzaoui 等提出了一个基于 SSE 指令集的简单有效的加速 SLAM 算法中扫描匹配步骤的方法,在 Intel Core i7(主频为 1 733 MHz)的 CPU 平台上进行了测试,此新方法的计算速度比传统方法快 3.5 倍;A. Sand 等基于各种硬件加速技术,如 SSE 指令集和多核技术,开发了一个 C++ 库来构建和分析普通隐式马尔科夫模型,得到了比较好的加速效果。

2011 年,C. G. Kim 提出了一个广泛应用于图像和信号处理的二维卷积运算的优化方法,详细讨论了 2 种优化技术,即基于 Intel SSE 指令集的数据并行技术和基于 Intel 的 TBB 线程构建模块运行时库的任务级并行技术,研究了这两种并行技术各自的优点,并分别基于这两种技术对 Sobel 算子进行了实现,对比了基于这两种技术的加速效果。

国内的很多学者也对多媒体指令集扩展进行了深入研究,并将其应用到图像处理、视音频编解码等计算密集的领域中,得到了较好的加速效果。

2001 年,张文等对 3D 曲线网格的流线计算的主要子过程进行了 SIMD 并行化,设计了流线计算的 SSE 算法,采用向量类库、嵌入汇编两种 SSE 编码方式分别实现 SSE 算法,并依据处理器的体系结构优化代码,在 Pentium III 450 处理器上进行了测试,向量类库方式与嵌入汇编方法的加速代码分别比传统计算有 55% 和 75% 左右的性能提升。

2002 年,李蕊等对 SSE 指令集进行了深入分析和研究,对 MPEG-2 视频编码中的位移估值和 DCT 变换两个模块进行了优化,对 MMX 和 SSE 技术的性能进行了比较;汪俊杰等介绍了利用 SSE 技术优化语音识别中测度计算的方法,给出了 SSE 优化测度计算方案,并在 Pentium III 1 GHz 的 CPU 平台上实现了此优化算法,大大提高了程序的运行效率;翁学军等给出了一种采用 SSE 技术实现矢量化模拟电子在人体组织中输运的蒙特卡罗方法,并对一个计算放疗剂量分布的蒙特卡罗 DPM 代码进行了实施,将 DPM 模拟电子的方式由原来的一个个顺序模拟改为一次模拟 4 个电子,当这 4 个电子进行同一个动作时,这部分程序可借助于 SSE 指令实现并行处理,新技术计算电子剂量分布的速度提高了 1.8 倍左右。

2003 年,张帆等使用 Intel 的 SSE-2 技术对 H.264 的运算密集部分,如运动估计、1/4 插值、量化和正反整数变换等进行了优化,编码器的整体速度提高了约 3 倍;李明等研究了 DCT 和运动估计在基于 SIMD 技术的处理器 Pentium III 上的并行算法实现方法,得到了较好的加速比;丁勇等开发了一套可供模拟计算与方案评价的电气化铁路列车运行模拟系统,介绍了该系统的牵引供电计算的 SSE 算法设计,在 Intel 的 Pentium III、Pentium IV 处理器的 PC 平台上实现了牵引供电的并行计算,使列车运行模拟系统的整体计算速度提高了 2 倍左右;杨铭等针对卫星数字电视广播系统中 MPEG-II 全软件解码的实时性要求,对视频解码在 Windows 系统下的加速问题提出了基于 SIMD 技术的 MMX、SSE 等优化方法,深入研究和实践了对高速缓存的优化。

2004 年,陈辉等对模板匹配主要运算部分进行了 SIMD 并行化,在 Linux 平台下使用 SSE2 的原语函数编程实现了单处理机上的并行处理;喻俊志等结合图像处理算子的隐含并行性和机器的字长特性,提出了一种通用的基于 MMX 和 SSE 指令集的并行识别方法,并将此并行方法应用于多仿生机器鱼协作系统的视觉子系统中,此方法适用于批量数据块处理,可以成倍提高系统的处理速度;丁勇等通过将线性方程组中的数据按 SSE 数据类型组织,设计了基于 SSE 的算法,在 PC 机上实现并优化了代码,使线性方程组的求解速度提高了 3~4 倍;车永刚等采用动态 Profiling 方法研究了 MPEG4 视频应用在基于 Intel Pentium IV 处理器的桌面机上的性能特性,使用硬件计数器工具来获取指令级的性能数据,并进行了深入分析,改进存储层次设计与优化播放软件比改进多媒体指令集更加有效;毛海鹏等从传统 FDK 算法的改进和数据并行计算两个方面研究了快速三维图像重建算法,提出了一种 Z 线优先重建法,此新方法能够有效地组织和划分重建数据,使对重建数据的内存访问非常连续,适用于单指令多数据的并行处理,并在 Intel Pentium IV CPU 的 PC 平台上用 SSE/SSE2 技术开发了三维图像快速重建引擎,取得了 20 倍以上的重建加速比;周西汉等提出了一种基于 Intel Pentium SIMD 指令的快速背景提取方法,通过将数据按照 SSE 数据类型组织,实现了混合高斯背景模型的 SIMD 并行算法,性能比传统计算提高了 75% 左右。

2005 年,李春林等为了提高视频编码标准 H.264/AVC 中运动预测的速度,提出了一种新的适合并行操作的参考图像组织方法,并采用 Intel MMX 和 SSE 技术实现了运动预测过程的 SIMD 并行运算;钱昌松等深入研究了单指令多数据流扩展指令集数据传输指令操作特点,充分考虑了数据预取、数据对齐、CPU 缓存和新的 128 位寄存器等因素,在 Visual C++

平台上采用嵌入汇编开发了内存拷贝函数,并通过实验分析了各内存拷贝函数拷贝速度与拷贝内存量之间的对应关系;罗若愚等介绍了使用 MMX 及 SSE 指令集提高医学图像处理软件运行效率的原理和方法,深入探讨了处理器工作原理,分析了在实际软件开发中使用的例程。

2006 年,张琦等利用 MMX/SSE/SSE2 指令集对 H.264 解码器的 4 个核心模块(即整数 DCT 反变换、Hardamard 反变换、直流系数的反量化和 16×16 亮度块的帧内预测)进行了算法的优化,在 Intel Pentium Ⅳ 2 GHz 的 CPU 上进行了测试,得到了较好的加速效果;葛仁北针对 X86 的 SSE 结构,提出了一种流媒体结构中的 Cache 预取方法,把对 Cache 的利用与应用该 Cache 的指令结构结合起来属于定长步长的预取技术,对矩阵运算等规律性很强的应用提出了二次步长的概念,并利用二次步长将利用单步长的不命中数进一步降低,新模型性能比当前公认的其他同类型预取技术提高 20%。

2007 年,宋麒等利用 SSE 指令集对原有 ^{60}Co 集装箱 CT 系统图像重建算法从程序的并行化处理和指令预取等方面进行了优化,在 Pentium Ⅳ 2.8 GHz 的 CPU 平台上进行了测试,图像重建耗时从 24 s 降到 10 s;于雷等分析了通用处理器 L1 Cache 命中机制和二维提升小波变换结构,提出了一种在 Intel 通用处理器平台上利用 SSE2 实现高效快速二维提升小波变换的方法,此方法对原始小波系数存储层次进行了调整,尽量保持列变换时数据读取与 Cache 命中方向一致,有效缩短了二维提升小波变换的执行时间;李成军等提出了一种基于 Intel SIMD 指令的二维 FFT 优化算法,即将数据按照便于 SIMD 指令计算的方式进行组织,利用 SSE3 指令加速复数乘法,在二维处理中针对处理器缓存进行优化等,此优化算法比目前使用最广泛的公共域 FFT 程序包 FFTW 快 30% 左右。

2008 年,赵宁等提出了一种基于多媒体单指令多数据技术的体绘制加速算法,利用 MMX、SSE、SSE2 指令集,分别对光线扫描、采样和坐标变换等部分进行了加速,使光线跟踪算法的成像速度提高了 3~6 倍;何牧君等通过在国家重点实验室高性能计算集群上进行大量的测试工作与分析,利用 OpenMP、SSE 等多项技术对大规模并行粒子模拟系统模拟程序代码层面进行了优化,并对系统的未来进一步优化提出了建议;袁泉等提出了一种适于 SIMD 计算模式的自然顺序二维 FFT 快速算法,利用 Intel 处理器提供的 SSE 指令集对算法进行了改进,应用 OpenMP 对算法进行了多核环境下的优化,并设计了与之配套的滚动型缓冲区,此 FFT 算法在 Intel Pentium Core 1.8 GHz 双核处理器下的运行效率最高可达到目前广泛使用的 FFT 算法的 4.5 倍;赵冬晖等提出通过利用 SIMD 技术强大的运算能力和并行能力,有效地提高了 DRC 效率的方法,并在 Intel Pentium Ⅳ 3.0 GHz 的处理器上进行了测试,比编译器优化的 DRC 算法的计算速度快 2 倍左右。

2009 年,邹永宁等提出了锥束 CT 的 FDK 重建算法的 2 种并行策略及其对应的通信时耗,研究了集群并行与 SSE 指令优化计算相结合的 FDK 算法,在 IBM H20 型刀片式集群的 8 个节点上进行了实现,可以将分辨率为 256^3 的图像的重建速度提高到原来的 29 倍;唐跃林等针对中子脉冲序列核信号本身所具有的特殊的"0,1"结构特点,采用快速移动的方法,借助于内存管理及 SSE 优化设计,创建了优化频谱分析的流程,构造了高速、实时的相关计算和功率谱分析算法。

2010 年,曹明等利用 SSE2 指令系统并行处理的特性,针对 AVS 视频编码的分像素插值部分提出了一种优化算法,此算法可使该模块的平均执行时间缩短为原来的 1/3;徐章宁等使用 SSE 指令集提升了数字电视码流处理效率,以优化 DCT 变换为例,探讨了用 SIMD 指令集提高 MPEG2 编解码效率的问题,对 C 语言程序对 DCT 的计算速度与 SIMD 指令集的计算速度进行了对比,同时对 SIMD 指令集的具体使用方法提出了建议;张顺利等提出了一种快速并行图像重建方法,首先根据锥束 CT 扫描方式下三维射线的对称性提出了一种权因子和体素索引的并行计算方法,通过此方法一次计算可以得到两条射线的权因子和体素索引,然后用 Intel 的 SSE 指令集实现了投影、计算图像矫正和反投影的并行运算,在保证图像重建精度的情况下,获得了 1.5 的重建加速比;刘云鹬等分析了视频处理中 YUV 格式与 RGB 格式间的转换算法,使用整型计算替代浮点运算,将整除 256 转换成右移 8 位操作,使用 Intel 单指令多数据扩展指令集 SSE2 技术进行了算法优化,可以提高 25 倍以上的格式转换运算速度;钟瑾等利用 CPU 的单指令多数据流扩展指令集技术和多核并行编程技术,对脉冲耦合神经网络分割算法进行了并行编程优化。

2011 年,解庆春等结合 Intel、AMD 和 IBM 处理器,介绍了单指令流多数据流向量化技术及其各自的特点,并在这三种平台上对各自开发的函数库中的部分向量数学函数进行了测试;甘霖等介绍了一种基于软件无线电的低成本、开源的新型接入网架构 OpenBTS,讨论了其物理层均衡算法的不足,用维特比均衡算法改善了原系统性能,并利用 SSE 指令集对其进行了优化,使运行效率较优化前提高了 2 倍多;王艳基于 Intel 多媒体指令集 SSE2 对基于 MPI 和 OpenMP 的 Smith-Waterman 并行算法进行了优化,给出了算法的并行分治策略和 SSE2 优化方法,并在曙光 4000A 机群系统上对程序进行了测试,得到了 2 倍以上的加速比;陶志强等对基于宏块划分的视频编码中全搜索运动估计算法进行了基于像素的并行化修改和优化,在 Intel Pentium Duo E5400 平台上使用 SSE 指令调用 CPU 的 SIMD 单元,同时对当前宏块与参考宏块的多个像素进行 SAD 运算,这种基于 SSE 的并行优化代码相对于传统的全搜索 CPU 运算获得了 2 倍以上的编码性能提升。

2012 年,李翔等提出了 Kasumi 加密算法的一种基于包并行的高效软件设计方法,并通过对 FI 子函数进行查表来优化加密过程,同时引入新的 SSE 转置指令实现快速密钥生成。

通过上述文献研究可以发现,SSE 指令集虽然在 2000 年左右的时候就已经被广大学者和科研工作者认可,并逐渐应用到通信、图形图像处理等领域,但是将基于 SSE 指令集的硬件加速技术用于加速 FDTD 算法的文献还非常少。因此,针对上述情况,本书利用基于 SSE 和 AVX 指令集的硬件加速技术,对传统的基于 MPI 和 OpenMP 的两级并行 FDTD 算法进行加速,提出 FDTD 算法的三级数据并行结构的概念,开发基于此算法的三级并行程序,得到了较好的加速比,并将此加速程序用于天线仿真分析。

第 2 章 FDTD 算法的关键理论

2.1 引言

　　麦克斯韦将电磁现象的普遍规律概括为四个方程式,即麦克斯韦方程组,麦克斯韦方程组是支配宏观电磁现象的一组基本方程,有积分和微分两种形式。FDTD 方法直接将麦克斯韦微分形式的两个旋度方程,即法拉第电磁感应定律和安培环路定理,在空间和时间上用中心差分离散化得到一组显式的电磁场递推方程。FDTD 方法使用中心差分能够保证时域有限差分的计算结果具有二阶精度,并且在满足 Courant 稳定条件时其解也是稳定的,此方法具有简单、直观、容易理解和掌握等特点,可以解决实际问题中的复杂目标电磁问题,因而得到越来越广泛的关注和应用。

　　在 FDTD 电磁学计算中,吸收边界条件起着非常重要的作用。例如,对于开放系统问题,由于计算机内存和计算速度的限制,时域有限差分法的计算区域不可能延伸到无穷远,而只能在有限区域进行求解。为了能够模拟无限区域的电磁过程,就必须在有限计算区域的边界处给出吸收边界条件。虽然时域有限差分法在 1966 年就提出来了,但是一直到 1981 年荷兰科学家 G. Mur 提出吸收边界,时域有限差分法才可用来解决实际的电磁应用问题,并得到了快速的发展,因此吸收边界的研究一直是 FDTD 研究的一个重点内容。

2.2 FDTD 基本方程

　　麦克斯韦 2 个旋度方程的微分形式为

$$\left.\begin{aligned} \frac{\partial D}{\partial t} &= \nabla \times H - J \\ \frac{\partial B}{\partial t} &= -\nabla \times E - M \end{aligned}\right\} \tag{2-1}$$

式中: H 为磁场强度; D 为电通量密度; J 为电流密度; E 为电场强度; B 为磁通量密度; M 为等效磁流密度。

　　对于各向同性线性介质,满足以下本构关系:

$$\left.\begin{aligned} D &= \varepsilon E = \varepsilon_0 \varepsilon_r E \\ B &= \mu H = \mu_0 \mu_r H \\ J &= \sigma E \\ M &= \sigma_m H \end{aligned}\right\} \tag{2-2}$$

式中：ε_0 为真空介电系数；ε_r 为介质的相对介电系数；ε 为介质介电系数；μ_0 为真空磁导系数；μ_r 为介质的相对磁导系数；μ 为介质的磁导系数；σ 为介质的电导率；σ_m 为介质的磁导率。对于均匀介质，ε_r、μ_r、σ 和 σ_m 都是常数；而对于非均匀介质，它们就是空间坐标的函数。

在直角坐标系下，把方程（2-1）写成各分量的标量形式，根据差分原理离散化以后，根据 Yee 的定义，在 FDTD 离散中电场和磁场各节点的空间排布如图 2-1 所示。每个电场分量周围有四个磁场分量环绕，每个磁场分量周围有四个电场分量环绕，Yee 的这种电磁场分量的空间分布既符合法拉第电磁感应定律和安培环路定理的自然结构，也适合麦克斯韦方程组的差分计算，且能够恰当地描述电磁场的传播特性。另外，由于电场和磁场的这种交叉空间分布，使电场和磁场在时间顺序上交替取值，交替取值的时间间隔为半个时间步，即电场总是在整时间步 $n\Delta t$ 上采样，而磁场总是在半时间步 $(n+1/2)\Delta t$ 上采样。麦克斯韦方程组离散成差分方程组后，可以在时间上进行迭代求解，只要给定初始条件和边界条件，利用 FDTD 方法就可以递推任意时刻电磁场的空间分布。

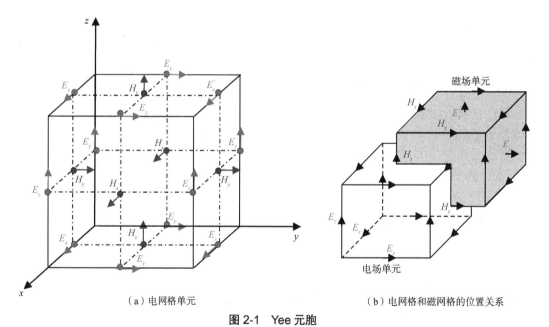

（a）电网格单元　　　　　　　　　　　（b）电网格和磁网格的位置关系

图 2-1　Yee 元胞

Yee 元胞中 E、H 各分量空间节点与时间步取值的约定见表 2-1。

表 2-1　Yee 元胞中 E 和 H 各分量空间节点与时间步取值

电磁场分量		空间分量取值			时间轴 t 取值
		x 坐标	y 坐标	z 坐标	
电场 E	E_x	$i+1/2$	j	k	n
	E_y	i	$j+1/2$	k	
	E_z	i	j	$k+1/2$	

电磁场分量		空间分量取值			时间轴 t 取值
		x 坐标	y 坐标	z 坐标	
磁场 H	H_x	i	$j + 1/2$	$k + 1/2$	$n + 1/2$
	H_y	$i + 1/2$	j	$k + 1/2$	
	H_z	$i + 1/2$	$j + 1/2$	k	

根据 Yee 元胞中电磁场分量的空间分布情况和表 2-1 所示的时间、空间取值约定,可以得到 FDTD 算法中的电磁场递推公式,以电场沿着 x 轴方向的分量为例,可以表示为

$$E_x^{n+1}\left(i+\frac{1}{2},j,k\right) = \frac{1-\dfrac{\Delta t\sigma_x}{2\varepsilon_x\varepsilon_0}}{1+\dfrac{\Delta t\sigma_x}{2\varepsilon_x\varepsilon_0}} E_x^n\left(i+\frac{1}{2},j,k\right) +$$

$$\frac{\dfrac{\Delta t}{\varepsilon_x\varepsilon_0}}{1+\dfrac{\Delta t\sigma_x}{2\varepsilon_x\varepsilon_0}}\left[\frac{H_z^{n+\frac{1}{2}}\left(i+\frac{1}{2},j+\frac{1}{2},k\right)-H_z^{n+\frac{1}{2}}\left(i+\frac{1}{2},j-\frac{1}{2},k\right)}{\Delta y}-\right.$$

$$\left.\frac{H_y^{n+\frac{1}{2}}\left(i+\frac{1}{2},j,k+\frac{1}{2}\right)-H_z^{n+\frac{1}{2}}\left(i+\frac{1}{2},j,k-\frac{1}{2}\right)}{\Delta z}\right] \tag{2-3}$$

电场的其他分量和磁场的公式同理可得。根据上述公式可知,如果给出初始条件,即如果已知任意时刻 t 空间各处的电场值 E_x、E_y、E_z,即可计算出 $t+\Delta t/2$ 时刻的磁场值 H_x、H_y、H_z;根据 $t+\Delta t/2$ 时刻的磁场值 H_x、H_y、H_z,也可以计算出 $t+\Delta t$ 时刻的电场值 E_x、E_y、E_z,如此循环递推,即可计算空间任意时刻的电磁场分布。

2.3　吸收边界条件

差分方程表达的是在空间一点上某一时刻电磁场的相互关系,它并不包含任何边界条件信息,因此它需要与边界条件一起使用才能解决完整的电磁问题。如图 2-2 所示,计算区域内部的电场和磁场都可以用它周围的磁场和电场以及在它自身位置前一时刻的值求得。因为计算区域外部的磁场都是未知的,所以计算区域边界上的切向电场值并不能用式(2-3)等方程计算得到,边界条件的任务就是寻求一种不用任何外部信息就能够求解计算区域边界上切向电场值的方法。

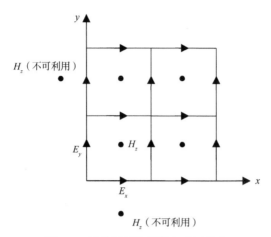

图 2-2　计算区域边界的电磁场分布

　　Yee 提出 FDTD 方法后,人们发现计算区域的人为截断会导致数值回波问题,Yee 的处理方式是扩大 FDTD 计算区域,在电磁波没有到达截断边界时就停止迭代计算。然而,这种处理方式很难获得目标体的全部电磁信息,这使 Yee 的 FDTD 方法无法应用到实际问题中,因此 FDTD 方法在提出之后的最初十多年间发展缓慢。直到 1981 年荷兰科学家 G. Mur 提出 Mur 吸收边界后,FDTD 方法才得到了迅速的发展。此后,K. K. Mei 和 J. Y. Fang 在 Mur 吸收边界条件的基础上提出了所谓的超吸收边界条件,美国伊利诺伊大学的 Weng Cho Chew 对中国科学家廖振鹏等提出的吸收边界条件进行了改进,并将其发展成为廖氏吸收边界条件。廖氏吸收边界条件比 Mur 吸收边界条件吸收计算区域电磁波的效果更好,但是廖氏吸收边界条件的缺点是高阶吸收边界条件不稳定。1994 年,法国科学家 J. P. Berenger 提出了 PML(Perfectly Matched Layer,完美匹配层)吸收边界,引起了吸收边界领域的一场革命,同时也彻底终结了人们对廖氏吸收边界条件的研究,此 PML 吸收边界在理论上可以吸收来自不同方向、不同频率的电磁波。在 J. P. Berenger 提出 PML 吸收边界条件之后,许多学者也曾提出过许多不同版本的 PML,但始终没有超出原始 PML 版本的思想和概念,而只是在表达方式和编程技术上做了一些改进。例如,S. D. Gedney 提出的不分割 PML(Unsplit PML,UPML)理论,J. A. Roden 和 S. D. Gedney 提出的卷积 PML(Convolutional PML,CPML)吸收边界条件等。UPML 直接使用各向异性材料而保持电磁场的形式不变,即麦克斯韦方程在 PML 区域和计算区域具有相同的形式,因而最容易理解且便于程序实现。CPML 在拥有 PML 吸收边界条件优点的同时,对于倏逝波、低频感应场等也具有很好的吸收能力,且具有普适性,完全独立于 FDTD 计算域内的介质,可以不做任何修改地应用到各向同性、各向异性、有耗、色散或者非线性介质的计算中,CPML 相对于 UPML 占用的计算内存更少,因此本书采用的是 CPML 吸收边界,对其他边界如 PEC 等也进行了简单讨论。

2.3.1　PEC 和 PMC 边界条件

　　理想电导体是电磁场的自然边界条件,它能够完全反射入射到它上面的电磁波,当使用 PEC 边界条件截断时域有限差分网格时,只需要简单地强制理想电导体表面上的总电场切向分量为零即可。PEC 边界条件一般用于波导、谐振腔、微带电路和微带天线地板的近似。

　　理想磁导体也是一种理想边界条件，它也能够完全反射入射到它上面的电磁波，而与理想电导体不同，理想磁导体实际上是不存在的。PMC 边界条件一般用于截断对称结构问题，从而减小计算区域，也可以用作平面波正入射时截断对称周期结构的边界条件。PMC 与 PEC 边界条件结合可以模拟平面波正入射时二维对称周期结构问题。当使用 PMC 边界条件截断时域有限差分的网格时，同样也可以强制理想磁导体上的切向磁场分量为零。由于时域有限差分中的切向磁场位于半个网格上，PMC 边界条件无法与物体表面重合，这在实际应用中很不方便，一种比较好的实现方式是使 PMC 边界条件不与切向磁场重合，而是像 PEC 边界条件一样与计算区域边界上的切向电场重合，然后用镜像原理实现 PMC 边界条件。

2.3.2　CPML 吸收边界条件

　　时域 CPML 吸收边界条件建立在伸展坐标 PML 基础上，在伸展坐标 PML 中，麦克斯韦两个旋度方程可以表示为

$$\left.\begin{array}{l}\nabla_{\sigma}\times\tilde{E}=-j\omega\mu\tilde{H}\\\nabla_{\sigma}\times\tilde{H}=j\omega\varepsilon\tilde{E}\end{array}\right\} \tag{2-4}$$

其中

$$\nabla_{\sigma}=\hat{x}\frac{1}{S_x}\frac{\partial}{\partial x}+\hat{y}\frac{1}{S_y}\frac{\partial}{\partial y}+\hat{z}\frac{1}{S_z}\frac{\partial}{\partial z} \tag{2-5}$$

　　时域 CPML 吸收边界条件把上述方程写成递归的离散形式，以 E_x 为例，递推方程可写为

$$E_x^{n+1}\left(i+\frac{1}{2},j,k\right)=\frac{1-\dfrac{\Delta t\sigma_x}{2\varepsilon_x\varepsilon_0}}{1+\dfrac{\Delta t\sigma_x}{2\varepsilon_x\varepsilon_0}}E_x^n\left(i+\frac{1}{2},j,k\right)+$$

$$\frac{\dfrac{\Delta t}{\varepsilon_x\varepsilon_0}}{1+\dfrac{\Delta t\sigma_x}{2\varepsilon_x\varepsilon_0}}\frac{1}{K_y\Delta y}\left[H_z^{n+\frac{1}{2}}\left(i+\frac{1}{2},j+\frac{1}{2},k\right)-H_z^{n+\frac{1}{2}}\left(i+\frac{1}{2},j-\frac{1}{2},k\right)\right]-$$

$$\frac{\dfrac{\Delta t}{\varepsilon_x\varepsilon_0}}{1+\dfrac{\Delta t\sigma_x}{2\varepsilon_x\varepsilon_0}}\frac{1}{K_z\Delta z}\left[H_y^{n+\frac{1}{2}}\left(i+\frac{1}{2},j,k+\frac{1}{2}\right)-H_y^{n+\frac{1}{2}}\left(i+\frac{1}{2},j,k-\frac{1}{2}\right)\right]+$$

$$\frac{\dfrac{\Delta t}{\varepsilon_x\varepsilon_0}}{1+\dfrac{\Delta t\sigma_x}{2\varepsilon_x\varepsilon_0}}\left[\psi_{exy}^{n+\frac{1}{2}}\left(i+\frac{1}{2},j+\frac{1}{2},k\right)-\psi_{exz}^{n+\frac{1}{2}}\left(i+\frac{1}{2},j,k+\frac{1}{2}\right)\right] \tag{2-6}$$

其中

$$
\left.
\begin{aligned}
\psi_{exy}^{n+\frac{1}{2}}\left(i+\frac{1}{2}, j+\frac{1}{2}, k\right) &= b_y \psi_{exy}^{n-\frac{1}{2}}\left(i+\frac{1}{2}, j+\frac{1}{2}, k\right) + \\
&\quad a_y \frac{H_z^{n+\frac{1}{2}}\left(i+\frac{1}{2}, j+\frac{1}{2}, k\right) - H_z^{n+\frac{1}{2}}\left(i+\frac{1}{2}, j-\frac{1}{2}, k\right)}{\Delta y} \\
\psi_{exz}^{n+\frac{1}{2}}\left(i+\frac{1}{2}, j, k+\frac{1}{2}\right) &= b_z \psi_{exz}^{n-\frac{1}{2}}\left(i+\frac{1}{2}, j, k+\frac{1}{2}\right) + \\
&\quad a_z \frac{H_y^{n+\frac{1}{2}}\left(i+\frac{1}{2}, j, k+\frac{1}{2}\right) - H_y^{n+\frac{1}{2}}\left(i+\frac{1}{2}, j, k-\frac{1}{2}\right)}{\Delta z}
\end{aligned}
\right\} \tag{2-7}
$$

在 PML 区域内，b_x、b_y、b_z 等系数参数以及电导率分布采用文献 [8] 中的计算公式。

从上面电磁场的几个递推公式可以看出，在 FDTD 仿真过程中，与计算区域中物理介质相关的系数有很多，且都分布于三维空间，为了减少介质材料分布所占用的内存，可以用一维 Float 类型数组 $CA(m)$ 和 $CB(m)$ 存储所有可能的介质系数取值，给三维短整型数组 $material[i][j][k]$ 赋予不同的整数数值 m 来标明该处的介质材料类型，例如式（2-6）可以简化为

$$
\begin{aligned}
E_x^{n+1}\left(i+\frac{1}{2}, j, k\right) &= CA(m) E_x^n\left(i+\frac{1}{2}, j, k\right) + \\
&\quad CB(m) \frac{1}{K_y \Delta y}\left[H_z^{n+\frac{1}{2}}\left(i+\frac{1}{2}, j+\frac{1}{2}, k\right) - H_z^{n+\frac{1}{2}}\left(i+\frac{1}{2}, j-\frac{1}{2}, k\right)\right] - \\
&\quad CB(m) \frac{1}{K_z \Delta z}\left[H_y^{n+\frac{1}{2}}\left(i+\frac{1}{2}, j, k+\frac{1}{2}\right) - H_y^{n+\frac{1}{2}}\left(i+\frac{1}{2}, j, k-\frac{1}{2}\right)\right] + \\
&\quad CB(m)\left[\psi_{exy}^{n+\frac{1}{2}}\left(i+\frac{1}{2}, j+\frac{1}{2}, k\right) - \psi_{exz}^{n+\frac{1}{2}}\left(i+\frac{1}{2}, j, k+\frac{1}{2}\right)\right]
\end{aligned} \tag{2-8}
$$

其中

$$
CA(m) = \frac{1 - \dfrac{\Delta t \sigma_x}{2\varepsilon_x \varepsilon_0}}{1 + \dfrac{\Delta t \sigma_x}{2\varepsilon_x \varepsilon_0}} \tag{2-9}
$$

$$
CB(m) = \frac{\dfrac{\Delta t}{\varepsilon_x \varepsilon_0}}{1 + \dfrac{\Delta t \sigma_x}{2\varepsilon_x \varepsilon_0}} \tag{2-10}
$$

式中：$m = 0, 1, 2, \cdots, N, N$ 为计算区域一共存在的介质种类数目，如果令

$$
pEj\_Coeff(m) = \frac{1}{K_y \Delta y} \tag{2-11}
$$

$$
pEk\_Coeff(m) = \frac{1}{K_z \Delta z} \tag{2-12}
$$

即把空间步长参与的除法运算整合到预先计算好的系数中,这样整理后,在 FDTD 迭代计算电磁场分布时,每个时间步都会减少几次跟空间步长进行的浮点运算,从而可以加快迭代速度、节省计算时间,另外几个电磁场分量的递推公式简化形式依此类推即可。

在利用计算机进行 FDTD 迭代计算时,根据编程的需要和 C 语言特点,上述电场 *Ex* 的递推方程可以表示为式(2-13)至式(2-17),而磁场的递推公式与电场处理方法完全相同。

$$Ex[i][j][k] = CA[m] * Ex[i][j][k] +$$
$$CB[m] * [\, pEj\_Coeff[j] * (\, hz[i][j][k] - hz[i][j-1][k]\,) -$$
$$pEk\_Coeff[k] * (\, hy[i][j][k] - hy[i][j][k-1]\,)\,] \quad (2\text{-}13)$$

$$pusai\_Exy\_Z\_MIN[i][j][k] = Beta\_PML\_ZGrid[k] * pusai\_Exy\_Z\_MIN[i][j][k] +$$
$$pEk\_PML\_Coeff[k] * (\, hy[i][j][k] - hy[i][j][k-1]\,)$$

$$Ex[i][j][k] \,-= -CB[m] * pusai\_Exy\_Z\_MIN[i][j][k] \quad (2\text{-}14)$$

$$pusai\_Exy\_Z\_MAX[i][j][k-kshift] = Beta\_PML\_ZGrid[k] * pusai\_Exy\_Z\_MAX[i][j][k-kshift] +$$
$$pEk\_PML\_Coeff[k] * (\, hy[i][j][k] - hy[i][j][k-1]\,)$$

$$Ex[i][j][k] \,-= CB[m] * pusai\_Exy\_Z\_MAX[i][j][k-kshift] \quad (2\text{-}15)$$

$$pusai\_exz\_Y\_MIN[i][j][k] = Beta\_PML\_YGrid[j] * pusai\_Exz\_Y\_MIN[i][j][k] +$$
$$pEj\_PML\_Coeff[j] * (\, hz[i][j][k] - hz[i][j-1][k]\,)$$

$$Ex[i][j][k] \,+= CB[m] * pusai\_Exz\_Y\_MIN[i][j][k] \quad (2\text{-}16)$$

$$pusai\_Exz\_Y\_MAX[i][j-jshift][k] = Beta\_PML\_YGrid[j] * pusai\_Exz\_Y\_MAX[i][j-jshift][k] +$$
$$pEj\_PML\_Coeff[j] * (\, hz[i][j][k] - hz[i][j-1][k]\,)$$

$$Ex[i][j][k] \,+= CB[m] * pusai\_Exz\_Y\_MAX[i][j-jshift][k] \quad (2\text{-}17)$$

这是对于各向同性介质而言的,如果计算区域里包含各向异性介质,则需要额外的数组来处理。

2.4　稳定性分析

对于以时间步长为基础的数值方法来说,解的稳定性是衡量时域方法性能的主要判据之一。时域方法的稳定性与它的物理模型、差分格式以及网格结构有关。时间步长的取值只有满足

$$\Delta t \leqslant \frac{1}{c\sqrt{\dfrac{1}{\Delta x^2} + \dfrac{1}{\Delta y^2} + \dfrac{1}{\Delta z^2}}} \quad (2\text{-}18)$$

才有可能取得稳定的解,或者说,式(2-18)是求得时域有限差分稳定解的必要条件,即 Courant 稳定条件,又称为 Courant,Friedrichs 和 Lewy 稳定判据。

式(2-18)表明,时域有限差分的时间步长取决于三个方向上的网格尺寸以及电磁波的传播速度。

第 3 章　FDTD 算法的并行技术研究

3.1　并行计算机

在现代科学和工业领域,我们面临着大量复杂的问题,需要高效的计算和处理能力。而传统的单处理器计算机已经无法满足这些需求,因此并行计算机作为一种新型的计算机系统得到了越来越广泛的应用。

20 世纪 70 年代以来,并行计算机的发展已经有几十年的历史,在此发展过程中,出现了各种不同类型的并行计算机,包括向量计算机、SIMD 计算机和 MIMD 计算机。随着计算机技术的发展,向量计算机和 SIMD 计算机已经退出历史舞台,MIMD 计算机占据了主导地位。

3.1.1　并行计算机的定义

并行计算机是一种能够同时执行多个计算任务的计算机系统,其计算能力比传统的单处理器计算机更强大。并行计算机系统可以通过多个处理器、内存模块和磁盘等硬件资源与外设进行并行操作。在并行计算机中,所有处理器共享存储器或互联网以完成计算任务。与传统的单处理器计算机不同,并行计算机的多个处理器可以同时访问内存或外设,通过并行处理获得更快的速度和更高的性能。

3.1.2　并行计算机的作用和应用领域

并行计算机的应用范围非常广泛,涵盖科学研究、工业制造、金融、通信等诸多领域。对于大规模数据处理、复杂仿真应用、图像处理和高性能计算等领域,使用并行计算机可以极大地提高计算能力和准确性,大大加快处理过程。人工智能、深度学习、机器视觉等领域,也使用了大量并行计算机,尤其是 GPU 的利用,达到了在短时间内处理大量数据的效果。

3.1.3　并行计算机的分类

3.1.3.1　基于计算机内存的物理结构的分类

并行计算机通常可分为共享内存和分布式内存两类。共享内存的并行计算机多个处理器共享同一片物理内存,在需要访问公共变量或数据结构时,多个处理器之间可以相互通信。而分布式内存的并行计算机则通过网络连接多个处理器,每个处理器拥有自己的物理内存。分布式内存的并行计算机可以通过分布式算法来协调不同 CPU 节点之间的通信和计算,以实现高效的并行计算。

3.1.3.2　基于指令流和数据流的分类

弗林分类法是最为知名的并行计算机分类法,根据此分类法,并行计算机系统的类别取决于此系统中指令流和数据流所呈现的并行性。计算机硬件可以支持单指令流或多指令流,用来处理单数据流或者多数据流,据此弗林分类法给出了 4 类并行计算机,如图 3-1 所示。

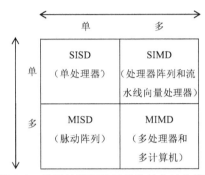

图 3-1　并行计算机体系结构的弗林分类法

SISD(Single Instruction Single Data)计算机指具有单个指令流、单个数据流的系统,单处理器属于该类。尽管它只有单个 CPU 执行单指令流,但是现代的单处理器仍能体现并发执行的特性。

SIMD(Single Instruction Multiple Data)计算机指具有单个指令流但具有多个数据流的系统,处理器阵列和流水线向量处理器属于该类。处理器阵列具有单个控制单元,执行单个指令流,而多个附属处理器能够同时对不同数据元素执行相同的操作。流水线向量处理器依赖于非常快的时钟和一个或多个流水线功能部件来对数据集中的多个元素执行相同的操作。

MISD(Multiple Instruction Single Data)计算机指具有多个指令流但只具有一个数据流的系统。MISD 计算机是多个独立的执行功能部件对单数据流执行操作,并将结果从一个功能部件推进到下一个功能部件的一条流水线。

MIMD(Multiple Instruction Multiple Data)计算机指具有多个指令流和多个数据流的系统,多处理器和多计算机属于此类。这两种体系结构都建立在多 CPU 基础之上,不同的 CPU 能够同时执行对不同数据流进行处理的不同指令流。

3.1.3.3　当前流行的并行计算机

1.GPU(图形处理器)

GPU 最初是用于游戏和视频图像处理的硬件,但现在已被广泛应用于高性能计算方面,被称为通用 GPU(GPGPU)。GPU 具有成百上千个专用的流处理器,可以同时执行大量浮点计算,极大地提高了计算速度和效率。

2.FPGA(现场可编程门阵列)

FPGA 是一种可编程的硬件,通过编程器件内部的逻辑单元,实现不同的计算任务。与通用计算机相比,FPGA 具有更低的能耗和更快的速度,特别适用于大规模计算。FPGA 的应用范围包括数据压缩、模式识别、数据挖掘、信号处理等领域。

3. 大规模集群

大规模集群是多台计算机组成的并行计算机系统,节点之间通过网络连接。集群计算机可以通过并行化算法和任务调度,将一个大型计算任务分解为多个小任务,由不同的计算机节点同时计算。集群计算机主要用于分布式计算和数据挖掘等领域。

4. 大规模多核 CPU

多核 CPU 是现代计算机的主流架构,包含多个处理核心,每个核心都可以单独执行计算任务。多核 CPU 可以通过并发计算、超线程、统一内存等技术提高计算性能。多核 CPU 广泛用于科学研究、工业控制和数据分析等领域。

5.ASIC(专用集成电路)

ASIC 是专门为某个特定任务设计和定制的电路。与通用计算机不同,ASIC 可以充分利用硬件结构,实现更高的计算效率和速度。目前,ASIC 应用于人工智能、加密货币挖矿等领域,具有极高的性能和能效比。

这些并行计算机都在不同的领域中广泛应用,每种计算机都有不同的特点和适用场景。

3.1.3.4　小结

弗林分类法和分布式内存与共享内存的分类法都属于并行计算机的分类方法。

弗林分类法根据指令流和数据流的并行性将并行计算机分成为四类: SISD、SIMD、MISD 和 MIMD。其中,MIMD 可以被进一步细分为分布式内存和共享内存计算机,也就是我们在之前提到的分类方法。

共享内存计算机通常属于 MIMD 类别,多个处理器共享同一片物理内存,可以相互访问和传递数据,从而同时执行不同的指令流和数据流。共享内存计算机常用于高性能计算、科学计算和数据处理等领域。

分布式内存计算机同样属于 MIMD 类别,不同的是每个处理器拥有自己的物理内存,多个处理器之间需要通过网络进行通信和协作。分布式内存计算机常用于大规模数据处理和分布式系统等领域。

综上所述,弗林分类法和共享内存与分布式内存的分类法都属于并行计算机的分类方法,不同之处在于弗林分类法是基于指令流和数据流的分类,而共享内存和分布式内存的分类法是基于计算机内存的物理结构的分类。

3.2　分布式集群

3.2.1　分布式系统的特点和优缺点

分布式系统是由多台计算机通过网络连接而成的系统,它们通过网络传递消息和协调行动来完成任务。分布式系统是计算机科学领域的一个重要研究方向,有着广泛的实际应用和研究价值。本节详细介绍分布式系统的特点和优缺点。

3.2.1.1　分布式系统的特点

1. 分布性

分布式系统的最显著特点是分布性,即系统中的计算资源、存储资源和任务分布在多个节点上,没有集中式控制和统一的管理。因此,分布式系统可以实现更高的并发性和可靠性,同时也具有更好的扩展性和灵活性。

2. 异构性

分布式系统的节点通常是异构的,这意味着它们的硬件和软件配置不同且性能各异。因此,如何协调不同节点之间的通信和协作成为分布式系统设计的重要考虑因素。

3. 自组织性

分布式系统具有自组织性,即它可以自动适应节点的加入或退出,自行调整资源的分配和任务的分配等。因此,分布式系统可以更好地应对动态变化的环境和需求,减少中心化管理的依赖和单点故障的风险。

4. 并发性

分布式系统通常需要处理大量并发请求,因此它需要具有并发处理机制,如分布式锁、事务控制、缓存和队列等。这些机制可以保证分布式系统的数据一致性和可靠性,并避免资源竞争和死锁等问题。

5. 容错性

分布式系统通常需要具备容错,即使出现故障或部分节点失效,系统也能够继续运行,并保证数据的可靠性和安全性。因此,分布式系统需要具备备份和冗余机制,以保证系统的完整性和可用性。

3.2.1.2　分布式系统的优缺点

1. 优点

1)可靠性高

分布式系统可以有效地避免系统单点故障的风险,通过备份和冗余机制可以实现数据的自动恢复和自动备份,还可以通过数据的分片和多副本来提高数据的可靠性和安全性。

2)性能优越

分布式系统可以通过增加节点的数量和优化节点的配置来提高系统的性能。特别是在大规模数据处理和高并发场景下,分布式系统可以很好地实现更高效的计算和通信,以满足实际业务需求。

3)可伸缩性好

分布式系统可以通过动态增加或减少节点数量来满足实际业务需求。这种伸缩性可以通过服务器的扩容和缩容来实现,便于满足快速增长或缩减业务需求,同时也可以实现更灵活的资源分配。

4)资源共享高效

分布式系统可以更高效地实现资源的共享和协作,通过网络连接和消息传递机制实现多节点之间的协作和信息共享。这种机制可以是客户端 / 服务器模型、p2p 模型或集群模型等多种形式,都可以有效地实现资源共享和协作。

2. 缺点

1）复杂程度高

分布式系统的复杂程度比较高,涉及多节点之间的协作和通信,需要考虑节点故障、网络延迟、消息丢失等多种情况。因此,分布式系统需要运用分布式算法、异步通信、数据同步、容错处理等多种技术手段,以保证系统的正确性和稳定性,同时也增加了系统的设计和维护难度。

2）开发难度大

相比于单机系统,分布式系统的开发难度大,它需要考虑多节点之间的通信和协作,以及系统的整体设计和流程优化。因此,开发人员需要具备分布式系统的设计、实现和调优技能,才能够有效地完成分布式系统的开发和维护。在实现上,分布式系统也面临一些艰巨的挑战,例如数据同步和一致性维护、负载均衡和任务划分、节点容错和故障恢复等问题。

3）成本高昂

分布式系统需要多台服务器和网络设备支持,涉及硬件、软件、维护和运营等方面的成本,因此其构建和维护成本相对单机系统较高。虽然分布式系统可以实现更高的可靠性、更好的扩展性和更高的性能,但它的成本也是影响其优劣的一个因素。

4）安全问题

分布式系统通过共享网络资源来协作完成任务,因此安全问题也是分布式系统面临的一大挑战。例如,分布式系统需要保证数据的保密性、完整性和可用性,保证通信的安全性,防止黑客攻击和恶意软件的入侵。因此,安全性和安全管理也是分布式系统设计和运营的重要考虑因素。

3.2.1.3　小结

本节详细介绍了分布式系统的特点和优缺点。虽然分布式系统具有更高的可靠性、更好的扩展性和更高的性能等优点,但同时也面临复杂程度高、开发难度大、成本高昂和安全问题等多种挑战。在设计和实现分布式系统时,需要考虑分布式系统的特点和优缺点,以正确评估其有效性和可行性,并采用相应的技术手段解决问题,实现分布式系统的高效运行。

3.2.2　分布式集群的定义和基本原理

3.2.2.1　分布式集群的定义

分布式集群是一种由多台计算机组成的分布式系统,其中每个节点都可以运行相同的应用程序,共同完成大规模的计算、存储和服务任务,形成高可靠性、高性能的分布式服务器集群。分布式集群架构通过将计算和存储负载分散到多个服务器上,实现了更高的可靠性、更高的可伸缩性和更好的性能,具有很大的发展潜力和应用前景。

3.2.2.2　分布式集群的基本原理

1. 负载均衡

负载均衡是分布式集群的基本原理之一,可以实现服务器资源的合理分配和均衡使用。

负载均衡的主要目标是减轻服务器的负载,提高系统的可靠性和可用性。分布式集群架构通过负载均衡机制,将应用程序的请求分散到多个服务器上处理,以达到负载均衡和资源利用的最大化。

负载均衡的实现一般采用两类算法:静态负载均衡和动态负载均衡。静态负载均衡指在运行前预先安排好哪些服务器处理哪些请求,这种方法实现简单,但对于不同类型和强度的请求的分配却无能为力。动态负载均衡指在运行时依据服务器负载合理地调整请求的分配,这种方法精度较高,但实现的难度相对较大。

动态负载均衡可采用的算法包括最少连接算法、轮询算法、最少响应时间算法、哈希算法等。

2. 数据共享

分布式集群的另一个关键原理是数据共享。由于数据通常被放置在各个节点上,使用者需要在不同的服务器之间共享数据,数据共享既可以在软件层面实现,也可以在硬件层面实现。

软件层面的数据共享通常是通过数据同步、锁定和缓存等机制来实现的。数据同步机制是通过一定的算法和机制将分布式环境中的数据同步起来,以保证数据的一致性;数据锁定机制则是通过锁定机制来保证数据的唯一性,防止多个用户同时改变数据,以避免数据不一致;而数据缓存机制则是将热门的数据放入缓存中,可大幅提高数据读写的速度。

硬件层面的数据共享通常是通过不同的分布式文件系统、分布式数据库等技术来实现的。其中,最常使用的分布式文件系统是 Hadoop,该文件系统可以将大规模的数据分散到不同的节点上,然后对该数据进行管理和处理,具有很好的可伸缩性。

3. 容错性

分布式集群的设计还需要满足容错性的要求。容错性指分布式集群可以在某些节点或失败的情况下仍然正常运行,保证数据的不可破坏性和系统的稳定性。分布式集群的容错性是它的优点之一,也是分布式系统不同于传统单机系统的重要标志之一。

要达到容错性需要考虑多种因素。例如,当某个节点出现故障时,需要能够自动检测并及时切换到其他可用节点上;分布式集群应该具备备份和冗余机制,以保证数据的完整性和可靠性;故障恢复机制应该能够自动识别和恢复故障节点,避免数据丢失和系统停机。

在容错性的实现中,一种常用的机制是基于控制者的心跳检测机制。在分布式集群中,有一些节点被指定为控制者节点,而其他节点则称为数据节点。控制者节点通过心跳检测机制,不断地检测各个数据节点的状态,一旦检测到某个节点出现故障,它会通知准备好的备选节点接替故障节点,以保证系统的正常运行。

3.2.2.3　网络通信和协议

分布式集群的各个节点之间需要进行海量的数据交换和通信,因此网络通信和协议成为分布式集群设计和实现中一个至关重要的方面。网络通信和协议应该具备高效、安全和可靠等特点。网络通信和协议包括以下两个主要方面。

1. 通信协议

通信协议是指在分布式集群中,各节点通过网络通信交换数据时遵循的规则和标准。

这种规则和标准保证了数据的传输,使不同的系统之间能够相互通信。在分布式集群中,通信协议的选择需要满足以下几个方面的要求:

(1)协议应该是开源的,具有足够的社区支持,并有良好的文档、手册和参考资料;

(2)协议应该是可靠的,能够保证数据传输的完整性,减少数据传输中的错误和丢失;

(3)协议应该是高效的,能够高效地处理数据,并提供快速响应时间;

(4)协议应该是可扩展的,能够随着需求的改变而改变和发展。

常见的通信协议有 HTTP、TCP/IP、UDP 等。

2. 网络通信

网络通信是指分布式集群中的各个节点通过网络通信将信号传递到其他节点上。在设计分布式集群时,网络通信需要具有以下几个特性。

(1)高速:高速的网络通信能够更快地完成数据的传输,同时也能够提高数据传输的响应时间。

(2)可靠:可靠的网络通信可以降低数据传输中的错误和丢失,并且能够保证数据传输的完整性。

(3)安全:安全的网络通信可以防止敏感数据和机密信息在传输过程中被窃取或篡改,同时也能够保证整个分布式集群的安全性。

(4)可扩展:可扩展的网络通信能够随着需求的改变而改变和发展。

常见的网络通信工具有 ZooKeeper、Dubbo、Kafka 等。

3.2.3　资源调度和管理

资源调度和管理是指在分布式集群中,对各个节点资源的调度和管理。在分布式集群中,资源调度和管理需要满足以下几个要求。

(1)性能:资源调度和管理需要充分考虑节点的性能,因此需要针对性能进行优化和相关测试,确保优化的方法能够提高整个集群的性能。

(2)资源:资源调度和管理需要合理分配和管理资源,包括计算资源、存储资源和网络资源等,确保整个集群的资源得到充分利用。

(3)负载均衡:资源调度和管理需要确保各个节点之间的负载均衡,以避免单个节点的负载过重,影响整个集群的性能和稳定性。

(4)弹性:资源调度和管理需要具有弹性,以适应不同类型和强度的请求,可以随着负载的变化调整资源的分配和使用。

(5)故障隔离:资源调度和管理需要考虑节点故障时的处理机制,自动检测并切换到其他可用节点上,以确保整个集群的正常运行。

常见的资源调度和管理工具有 Kubernetes、Apache Mesos、Hadoop 等。

3.2.4　分布式集群的优点

1. 负载均衡

分布式集群具有负载均衡机制,可将应用程序的请求分散到多个服务器上处理,以达到负载均衡和资源利用的最大化。这种机制可以满足高并发的请求,提高系统的性能和可用性。

2. 可扩展性

分布式集群具有高度的可扩展性,可以随着业务的增长和减少,动态地添加或删除节点以适应新的需求。这种可扩展性可以降低成本,提高系统的灵活性和适应性。

3. 容错性

分布式集群具有容错性,可以在某些节点或失败的情况下仍然保持正常运行,保证数据的不可破坏性和系统的稳定性。

4. 数据共享

分布式集群通过数据共享机制,可以让不同节点之间共享数据和资源,提高数据利用率和处理效率。这种机制可以确保数据的一致性和强制性,并且具有很高的可靠性和可用性。

5. 高性能

由于分布式集群具有负载均衡、高度的可扩展性和容错性,能够确保每个节点的资源得到充分利用,因此可以提供更高的吞吐量和更短的响应时间。

综上所述,分布式集群是一种由多台计算机组成的分布式系统,可用于处理大规模的计算、存储和服务任务,实现高可靠性、高性能和可扩展性等需求。分布式集群的设计和实现需要考虑负载均衡、数据共享、容错性、网络通信和协议、资源调度和管理等多个因素。由于分布式集群的优点和应用前景,越来越多的企业和组织都将分布式集群用于大规模数据处理和服务中。

3.2.5　传统的集中式计算和分布式计算的异同

3.2.5.1　传统的集中式计算

在传统的计算模式中,计算是由集中式计算机完成的,其特点是中心化、集中控制和集中存储。这种计算模式可以追溯到 20 世纪 50 年代,那时计算机只是一个单一的大型计算机,每个工作站都使用它进行计算或存储数据。

随着计算机的普及和应用程序的发展,许多企业和组织采用了分布式计算的方案。然而,传统的集中式计算仍然有许多优点和限制。

1. 优点

1)集中管理

由于所有的计算和存储都在同一台计算机上完成,集中式计算可以方便地进行集中管理。管理人员可以很容易地监控计算机的使用情况,比较容易地检测和排除故障,从而保证系统的可用性和稳定性。

2)安全性高

集中式计算可以集中管理权限,防止恶意软件或黑客攻击。此外,还可以很容易地进行备份和恢复操作,保证数据的完整性和可靠性。

3)性能稳定

由于所有计算和存储都在同一台计算机上完成,因此集中式计算可以确保高速的计算和存储性能。此外,还可以方便地优化磁盘速度和内存分配,以提高系统的运行效率。

2. 限制

1）单点故障

集中式计算有一个明显的缺点，那就是"单点故障"。如果某个组件或设备出现故障，整个系统都会崩溃，对于大型组织来说，这意味着非常大的损失。

2）扩展性差

由于大型机的可扩展性有限，增加硬件成本和系统可用性限制了集中式计算的规模。在网络传输、计算或存储方面，随着数据量的增加，系统将会遇到瓶颈和可扩展性的限制。

3）负载均衡困难

集中式计算只有一个计算机节点，难以平衡不同的计算、存储和网络负载。此外，单一的大型计算机只能运行单个应用程序，难以处理多个任务或应用程序的复杂计算任务。

3.2.5.2　分布式计算

分布式计算是基于网络的计算模式，在不同的计算机上执行各个独立的计算任务。分布式计算不再局限于一个单一的中心计算机节点，而是由许多计算机同时执行各自独立的任务，共同完成计算工作。

1. 优点

1）高扩展性

在分布式系统中，由于有多个计算单元，因此可以在无须增加资源成本的情况下扩展计算能力。这意味着应用程序可以处理更大的工作载荷，并可以轻松地扩展到更多的用户。

2）可靠性高

在分布式系统中，由于数据分散在多个计算单元上，因此当其中一个单元在运行中发生故障时，分布式系统仍然可以继续运行；甚至如果一个节点断开连接，其他节点可以填充缺失的功能，并确保分布式系统的可用性和稳定性。这种容错性也使得分布式系统能够更好地保护数据的完整性和保密性。

3）更高的灵活性

分布式系统由于可以在多个计算单元上运行，因此可以在不同的部署环境中运行。这意味着分布式系统可以在云环境、移动环境或物联网等多种不同的环境中进行部署和运行，提高了系统的灵活性和适应性。

4）更好的负载均衡

在分布式系统中，由于任务被分布在多个计算单元上，可以更好地平衡计算、存储和网络负载，减小单个计算单元的压力，提高了系统的性能和吞吐量。

2. 限制

1）复杂性高

由于分布式系统涉及多个计算机之间的通信和数据传输，在设计、构建和维护分布式系统时需要考虑更多的技术和方法，因此分布式系统的实现比较复杂。

2）数据一致性难保证

由于分布式系统中数据在多个不同计算单元之间存储和传输，因此需要考虑数据一致性的问题。如果无法保证数据的一致性，可能会出现不同版本的数据，导致数据不准确或出现错误。

3）网络通信性能限制

在分布式系统中,许多计算单元之间需要进行网络通信和数据传输。由于网络通信和数据传输的效率不尽相同,网络通信性能的限制可能会影响分布式系统的性能和响应时间。

3.2.5.3　两者的异同

1. 两者的差异

1）中心化与去中心化

集中式计算是以计算中心为核心的计算模式,而分布式计算是去中心化的计算模式。在集中式计算中,计算和存储被中心计算机节点集中控制;而在分布式计算中,计算和存储被分布在不同的计算节点上,每个节点可以独立运行和管理。

2）性能与可扩展性

集中式计算可以确保高速的计算和存储性能,但在扩展性方面受到限制。分布式计算可以提供更高的灵活性和可扩展性,并且更好地平衡负载,但可能会受到网络通信和数据传输的限制。

3）容错性和数据一致性

集中式计算由于存在单点故障问题,可能导致系统崩溃或数据丢失。分布式计算由于可以备份和复制数据到多个节点上,并具有容错性和数据一致性机制,因此可以更好地保护数据的完整性和安全性。

2. 两者的相同之处

1）都需要依赖于计算、存储和网络技术

无论是集中式计算还是分布式计算,都需要依赖于计算、存储和网络技术。在两种计算模式中,计算和存储资源是必不可少的,同样需要确保高质量的网络通信。

2）都需要安全性保障

无论是集中式计算还是分布式计算,都需要考虑安全性问题。对于机密数据和敏感信息,需要进行加密和安全控制,以防止意外访问和不当操作。

3）都需要管理和维护

无论是集中式计算还是分布式计算,都需要进行管理和维护。这包括监控系统的性能、维护计算机、备份数据等,以确保整个系统的正常运行。

3.2.5.4　小结

传统的集中式计算和分布式计算都有各自的优缺点。集中式计算具有性能稳定和易于集中管理等优点,但限制了系统的扩展性、负载均衡等。分布式计算具有高度的可扩展性和容错性,能够更好地平衡负载,但相对复杂,需要考虑数据一致性和网络通信性能等问题。

对于不同的应用场景,需要根据需求和资源的特性选择合适的计算模式。在实践中,传统的集中式计算和分布式计算已经深入应用到各行各业,促进了计算机应用的不断发展与进步。

3.2.6　分布式集群的实现和优化

随着互联网和大数据时代的到来,分布式计算和存储技术已经成为当前计算机领域中的热门话题之一。分布式集群是实现分布式计算和存储的核心技术之一,是一种由多个服务器组成的集合,可以实现对大规模数据的高效处理和存储。如何实现高度可扩展性、高容错性、高吞吐量的分布式集群,已成为计算机领域的重要研究方向之一。

3.2.6.1　分布式集群的基本架构

分布式集群的基本架构包括多台计算机节点、分布式文件系统、分布式数据库、任务调度引擎等组件。这些组件通过网络连接,在一个虚拟环境中合作,以管理和处理不同类型的任务和数据。

1. 计算机节点

计算机节点是构建分布式集群的最基本的组件。每个节点都有自己的磁盘、内存和处理器,并有独立的操作系统和应用软件。每个节点都通过网络连接,可以相互通信和共享资源。

2. 分布式文件系统

分布式文件系统是对多个节点上的文件进行管理和存储的文件系统。它允许冗余存储数据,以保证数据的可靠性,同时允许节点之间共享数据和资源。分布式文件系统通常使用分布式哈希表来实现数据的快速存储和检索。常见的分布式文件系统包括 Hadoop-HDFS、GlusterFS 等。

3. 分布式数据库

分布式数据库将数据分布在多个节点上,以提高数据访问速度和容错能力。分布式数据库通常使用主从复制、分片等技术来实现数据的存储和访问。常见的分布式数据库包括 MySQL Cluster、MongoDB 等。

4. 任务调度引擎

任务调度引擎是分布式集群的关键组件之一,它负责在多个节点上调度和执行任务,确保系统的性能和可用性。通常使用基于优先级的调度算法来进行任务调度,以满足用户需求和系统性能要求。任务调度引擎还必须具有负载均衡、容错恢复、处理失败和重复任务等功能。

3.2.6.2　分布式集群的工作原理

分布式集群的工作原理可以简述为以下几个步骤。

(1)任务分割:任务调度引擎将大型任务分割成若干个小任务,每个任务分配给不同的节点执行。

(2)数据传输:分布式文件系统将数据流分散到各个计算机节点,每个节点上的数据流是分布式文件系统中记录的一个分块,所有的计算机节点都共享相同的数据,并且可以跨节点调用。

(3)大规模计算:各个节点同时执行不同步骤的小任务,直至结束;由任务调度引擎根据每个节点的任务执行状态确认整个任务的执行结果。

（4）数据回收：对各个节点的计算结果进行合并、处理和分析，得出完整的计算结果。

通过以上步骤，分布式集群发挥了协同作用，并充分发挥了其高效的计算力和存储能力。

3.2.6.3　分布式集群的实现方法

1. 节点管理

分布式集群需要建立一个稳定的节点网络，以保证整个系统的稳定和性能。节点管理通常涉及节点的注册、发现、状态和元数据管理。其目的是让任务调度引擎了解每个节点的状态，以便对任务进行规划和调度。

节点管理的具体实现依赖于网络环境和应用需求。常见的节点管理方法包括集中式管理、分布式管理和自动发现等。

2. 存储管理

存储管理是分布式集群的核心组成部分，可以通过分布式文件系统、分布式数据库和对象存储等技术来实现。存储管理的主要任务是处理数据的存储和访问。其中需要考虑数据容错性、数据一致性、数据安全性等关键因素，以确保系统能够更好地处理数据的存储和访问需求。

3. 任务调度

任务调度是分布式集群中的关键技术，对一个系统的性能和可用性至关重要。任务调度需要考虑任务的优先级、任务的描述、节点状态等关键因素，以实现对任务的调度和优化。

常用的任务调度算法包括工作优先级、资源认证／分配方式等。其中，最为常用的方法是工作优先级，即利用任务间的依赖关系和节点负载情况来确定任务的执行顺序。

4. 负载

负载均衡是指在分布式集群环境中，平衡各个计算机节点的工作负载和资源使用情况，以提高系统性能、可靠性和可伸缩性。负载均衡可通过自动化手段，使用分配器或路由器来实现。

常见的负载均衡算法包括轮询算法、权重算法和哈希算法等。轮询算法将任务围绕在各个节点之间进行轮流执行，在大规模任务处理中，可以让每个节点享有相等的工作量，以提高整个集群的处理速度。

5. 容错性

容错性是指分布式集群系统中部分组件或节点故障，不会导致整个系统不可用。容错性应该通过备份、恢复、自动重启等手段保证系统的连续性活动。

通常使用备份和重复检查来实现容错性。备份系统可以在节点失败时保持数据的冗余备份，这样可以在发生故障时，通过切换到备机继续执行任务，从而保证系统的连续性。另外，重复检查方法通过检查是否有失效的节点，避免节点在运行时出现故障而不得不暂停用户请求。

3.2.6.4 分布式集群的优化策略

为了提高分布式集群的性能和可靠性,需要寻找优化策略和实现方法。一些常用的分布式集群优化策略如下。

1. 合理使用资源

系统运行时会耗费大量的资源,包括计算和存储资源等。在分布式集群中,需要有效合理地使用这些资源,以最大限度地优化系统的性能和可靠性。常用的方法包括减少不必要的计算和存储,以及利用节点间的空闲资源和算力。

2. 并行计算和数据分区

并行计算和数据分区是为了将任务和数据分配到不同的计算机节点,以实现高效和快速执行任务。在数据分区中,需要根据数据的特性,对数据进行拆分和分配,以最大限度地降低系统开销和快速访问数据。

3. 缓存优化

缓存可以在分布式集群中提高性能,在某些情况下,缓存甚至可以取代磁盘的存储,提高数据的访问速度。缓存优化可以减少计算量和节点间的网络传输,从而实现快速的数据处理和存储,并优化系统性能。

4. 能耗管理优化

能耗管理优化是为了更好地管理和控制系统的能耗利用率,以最大限度地降低能耗开销,同时保持系统的正常运行和性能。常用的方法包括动态功率划分、适当减少不必要的节点、动态管理系统频率等。

分布式集群是实现大规模数据处理和存储的关键技术,可以让多个计算机节点合作处理数据和任务。通过合理的分布式集群设计和优化,可以提高系统的性能和可靠性,满足不断增长的数据处理和存储需求。但是需要注意的是,在实践中,如何建立有效的调度算法,如何解决数据一致性、安全性和扩展性等问题,仍然是构建高效、可靠的分布式集群的重要难点。因此,我们需要不断探索和研究分布式计算和存储技术,不断优化和提高分布式集群的能力,以满足复杂多变的数据处理和存储需求。

3.2.7 本节小结

分布式集群是当前计算机领域中的重要研究方向之一。其基本架构包括多台计算机节点、分布式文件系统、分布式数据库和任务调度引擎等组件,它通过网络连接合作来处理大规模数据。为了优化分布式集群的性能和可靠性,需要实现节点管理、存储管理、任务调度和负载均衡等关键技术,以及采取优化策略,包括资源利用、并行计算和数据分区、缓存优化和能耗管理优化等。这些技术和策略可以提高系统的性能和可靠性,满足不断增长的数据处理和存储需求。在实践中,需要注意解决数据一致性、安全性和扩展性等问题,不断探索和研究分布式计算和存储技术,并不断优化和提高分布式集群的能力,以应对复杂多变的数据处理和存储需求。

3.3　并行程序设计模型

3.3.1　并行程序设计模型简介

3.3.1.1　并行程序设计的背景和现状

随着计算机硬件的快速发展,计算机的处理能力和存储能力不断提升,但是单个计算机的计算能力面临瓶颈。为了充分利用计算机的资源,提高程序的执行效率和性能,人们开始研究使用多台计算机或多核计算机进行并行计算。

并行程序设计是指利用多个计算单元同时执行相同或不同的任务来加速程序的计算过程。但是,由于并行计算的特殊性质,其编程过程相对串行程序设计更加复杂,需要特殊的编程语言、软件工具和编程模型。

目前,并行程序设计已经广泛应用于各个领域,如高性能计算、科学计算、人工智能、图像处理、大数据处理等。随着数据规模和计算需求的不断增加,人们对并行计算的依赖将越来越高。

3.3.1.2　并行计算机架构对并行程序设计模型的影响

并行计算机的架构对并行程序设计模型有重要的影响。常见的并行计算机架构主要包括向量计算机、多核 CPU、分布式计算机、GPU 和 FPGA 等。

不同的并行计算机架构对程序设计模型提出了不同的需求和挑战。例如,向量计算机通常需要使用 SIMD 指令和数据并行模型来实现高效的并行计算;多核 CPU 通常需要使用进程并行模型来充分利用多核 CPU 的资源;分布式计算机需要使用消息传递接口和任务并行模型来协调不同节点之间的计算任务;GPU 需要使用数据并行模型和显式管理数据传输来实现高性能的并行计算;FPGA 需要使用数据流模型和硬件描述语言来实现高定制性和低功耗的并行计算。

因此,程序员需要根据并行计算机的架构和特点选择恰当的并行编程模型和工具,才能充分利用计算机的资源,并实现高效的并行计算。

3.3.2　数据并行模型

3.3.2.1　数据并行模型的定义和特点

数据并行模型是一种并行程序设计模型,它基于数据的分布和并行化,将相同操作应用于大量数据集合上,实现高效的并行计算。该模型通常适用于大规模数据处理、图像处理等领域。

数据并行模型具有以下特点。

(1)数据分布:将数据集合分配到不同的处理器或计算单元上,并行进行计算。

(2)操作相同:在不同的处理器或计算单元上,对相同的算法和操作进行并行计算。

（3）同步机制：数据并行模型中通常需要采用同步机制以保证计算的正确性，如进行任务划分和结果汇合等。

3.3.2.2　SIMD 架构下的数据并行模型

SIMD 是指"单指令多数据流"，其中一条指令被发送到多个计算单元，并同时作用于不同的数据。在 SIMD 架构下，数据并行模型通常采用向量数据类型和向量化指令，以实现高效的并行计算。

SIMD 架构下的数据并行模型具有以下特点。

（1）高效的数据并行：在 SIMD 架构中，向量化指令可以同时作用于多个数据元素，实现高效的数据并行。

（2）数据限制：由于 SIMD 架构中所有计算单元执行相同的指令，因此所有计算单元的数据必须是相同的类型，并且需要保证数据在所有计算单元之间的同步性。

（3）复杂的指令序列：由于 SIMD 架构中计算单元通常数量较多，因此编写复杂的指令序列以实现高效的并行计算是一项挑战。

3.3.2.3　MIMD 架构下的数据并行模型

MIMD 是指"多指令多数据流"，其中多个计算单元独立执行不同的程序指令，可以实现更加灵活的并行计算。在 MIMD 架构下，数据并行模型通常采用任务并行模型或数据流模型，以实现高效的并行计算。

MIMD 架构下的数据并行模型具有以下特点。

（1）程序的灵活性：在 MIMD 架构中，不同的计算单元可以独立执行不同的指令和程序，因此程序的并行化和分布更加灵活。

（2）数据通信：在 MIMD 架构中，由于计算单元数量较多，因此需要严格的数据通信和同步机制，以保证计算的正确性。

（3）软件需要复杂性：MIMD 架构下的数据并行模型需要采用复杂的编程模型和通信库，对程序员的编程能力和标准化程度要求更高。

总体来说，数据并行模型适用于大规模数据处理和科学计算领域，并在 SIMD 和 MIMD 架构下有广泛的应用。程序员需要根据不同的硬件环境、数据规模和计算任务，选择合适的并行编程模型和工具，以实现高效的并行计算。

3.3.3　任务并行模型

3.3.3.1　任务并行模型的定义和特点

任务并行模型是一种并行程序设计模型，其基本思想是将大规模的任务分解为若干个更小的子任务，相互独立的子任务，使多个处理器或计算单元可以并行地执行这些子任务，并最终合并结果。

任务并行模型具有以下特点。

（1）任务之间相互独立：不同的任务之间不存在数据依赖关系，可以独立执行。

（2）同步机制较少：任务并行模型往往可以少用或不需要同步机制，减少了计算开销，并且方便实现和管理。

（3）高度灵活：任务并行模型对于实现更高效的并发性提供了高度灵活的选择，可以根据不同的任务、硬件环境和数据结构选择合适的并行计算方式。

3.3.3.2　分治法、管道法等任务并行模型

任务并行模型包括许多不同的方法和技术来实现任务之间的独立性和并行计算。其中，分治法和管道法是常见的两种任务并行模型。

1. 分治法

分治法是一种典型的任务并行模型，它将大规模的任务划分为若干个相互独立的子任务，由不同的计算单元并行执行，直到最终得到求解结果。分治法通常用于解决大规模高性能并行计算任务，如在科学计算、图像处理、自然语言处理和人工智能等领域广泛应用。

2. 管道法

管道法是一种流式计算模型，将繁重的计算任务划分为小的、连续的并且可重复的处理步骤。在管道法中，不同的计算单元依次对数据流进行处理，每个计算单元仅关注其相邻的两个步骤并产生处理结果，直至最终得到总体求解结果。管道法通常用于解决大规模数据流处理问题，如在实时流媒体处理、数据库处理、访问分析和日志分析等领域广泛应用。

3.3.3.3　分布式计算中的任务并行模型

分布式计算中的任务并行模型是指在多台计算机上执行任务，并将其结果汇集在一起。分布式计算中的任务并行模型比单台计算机上的任务并行模型更加具有挑战性和复杂性。

分布式计算中的任务并行模型具有以下特点。

（1）分布式计算环境下的同步：在分布式计算环境下，由于计算机节点相互独立，任务之间的通信和同步变得复杂，在实现上需要一些成熟的通信协议和机制。

（2）网络带宽限制：在分布式计算环境下，计算机节点之间的数据传输可能会面临带宽限制问题，因此需要对数据传输进行优化，缓存和最小化数据传输的开销。

（3）任务拆分和分配：分布式计算机节点拥有不同的计算能力和资源分配条件，在分配任务的过程中需要根据不同节点的特点进行任务划分和负载均衡，在保证计算效率和精度的同时，保证节点之间的资源公平分配。

总体来说，任务并行模型是一个通用的、高效的并行程序设计模型，并在不同领域和硬件环境中得到广泛应用。在分布式计算环境下，任务并行模型可以采用不同的通信协议、负载均衡策略和任务分配算法来优化并行计算的效率和性能。例如，MapReduce 模型和 Spark 框架是流行的分布式计算平台，它们采用了任务并行模型和数据并行模型相结合的方式，以实现高性能的分布式计算。在实际应用中，程序员需要根据任务的特点、数据规模和硬件环境，选择合适的并行编程模型和工具，以获得最优的性能和效率。

3.3.4　数据流模型

3.3.4.1　数据流模型的定义和特点

数据流模型是一种基于数据流的并行程序设计模型，其基本思想是将计算过程和数据

流分离,将数据元素沿着一系列处理单元或处理阶段进行传输和计算。

数据流模型具有以下特点。

(1)处理单元高度并行:在数据流模型中,每个处理单元或处理阶段可以高度并行地执行计算任务,从而提高了程序的处理能力和效率。

(2)数据流输入即时处理:在数据流模型中,数据可以立即通过处理阶段,执行相关计算或操作,从而减少了计算、存储和通信负担。

(3)计算流程动态变化:数据流模型允许计算流程根据数据流的状态和需求发生动态变化,从而更加灵活和适应不同的计算任务及环境。

3.3.4.2 计算模型、数据流图等数据流模型

数据流模型拥有多种应用的计算模型和表示形式。

1. 流水线模型

流水线模型是一种逐步将数据从一个计算阶段走到下一个计算阶段的模型,每个计算阶段可以同时处理不同的数据,以实现高效的并行计算。流水线模型通常用于高速模拟和数字信号处理等领域。

2. 数据流图

数据流图是数据流模型的一种图形表示方法,用于描述计算流程和数据流转换。数据流图由图中节点和边组成,其中节点表示处理单元,边表示数据流。数据流图通常用于信号处理、图像处理和人工智能等领域。

3. 反应式编程模型

反应式编程模型是一种基于数据流的编程模型,将计算流程和数据流分开,使程序能够更加高效地响应事件驱动的需求。反应式编程模型广泛应用于实时数据流处理和 Web 应用程序等领域。

3.3.4.3 硬件实现中的数据流模型

数据流模型在硬件实现中也有广泛的应用,如基于 FPGA 的数据流处理器和数据流多处理器。这些加速器充分利用了数据流模型的特点,将每个计算阶段实现为一个处理单元,并以非阻塞方式处理和转发数据流。

硬件实现中的数据流模型具有以下独特的特点。

(1)硬件并行性:在硬件实现中,每个计算阶段可以高度并行地执行计算,从而实现高效的数据流处理。

(2)动态重构:硬件实现中的数据流模型允许计算阶段的动态重构和重新调度,以适应不同的数据流计算任务。

(3)数据吞吐量:硬件实现中的数据流模型具有高度优化的吞吐量和低延迟特性,可以快速处理高速数据流。

总体来说,数据流模型是一种高效并行计算模型,现已应用于各个领域和硬件平台中。在实际应用中,程序员需要根据不同的计算任务、数据流形式和硬件平台特性选择合适的数据流模型和工具,在保证计算效率和精度的同时,最大化硬件系统的性能。例如,FPGA 场

合下使用硬件描述语言进行可行性验证和实现,OpenCL 和 Intel oneAPI 等编程框架可以使数据流代码跨多个硬件平台移植,在不同计算环境下实现高效的数据流计算。

3.3.5　进程并行模型

3.3.5.1　进程并行模型的定义和特点

进程并行模型是一种基于进程的并行程序设计模型,其基本思想是将程序划分为多个进程,每个进程可以独立地执行某个任务,进程之间可以进行协作和通信,以完成整个程序的运行。

进程并行模型具有以下特点。

(1)进程之间独立:在进程并行模型中,每个进程可以独立地执行、调度和通信,使程序设计更加灵活和自由。

(2)进程间通信:不同进程之间可以通过各种通信机制进行数据的传输和交换,从而实现协同计算和共享资源。

(3)并发性高:进程并行模型可以利用多核处理器的并发性,提高程序的计算速度和效率。

3.3.5.2　管程、并行程序库等进程并行模型

进程并行模型拥有多种计算模型和表示方法。

1. 管程

管程是一种管理共享数据和进程间同步的高级抽象方式,它位于不同进程之间,通过提供变量、信号量和操作集等方式,实现进程之间的同步和通信。管程通常应用于高级编程语言和并发程序设计中,如在 Java 和 C# 语言中可以使用管程模型实现多线程编程。

2. 并行程序库

并行程序库是一种基于标准库和 API 接口的并行编程模型,它封装了各种通信和同步机制,提供了通用计算接口,使程序员可以方便地开发和部署多线程或多进程程序。并行程序库通常广泛应用于科学计算、机器学习、图形处理等领域,如 OpenMP 和 MPI 就是常见的并行程序库。

3.3.5.3　分布式计算中的进程并行模型

分布式计算中的进程并行模型是指在多台计算机上执行进程并进行通信和同步,以完成整个程序的运行。在分布式计算环境中,进程并行模型需要考虑不同计算机节点之间的通信和同步问题,保证数据的一致性和正确性。

进程并行模型在分布式计算环境中具有以下特点。

(1)远程过程调用:在分布式计算环境中,进程之间的通信通常使用远程过程调用来实现,进程可以通过 RPC 调用其他进程提供的服务请求所需的数据,从而实现数据共享和协作计算。

(2)数据局部性:在分布式计算环境中,由于网络带宽和延迟等限制,进程之间需要尽可能地利用数据局部性,减少数据传输和交换,以提高计算效率和性能。

（3）容错性：在分布式计算环境下，由于不同计算机之间的不确定性和故障可能性，进程并行模型需要针对这些问题进行容错处理，以保证程序的可靠性和正确性。

总体来说，进程并行模型是一种广泛应用于高性能计算和分布式计算中的并行程序设计模型，它利用多核处理器和计算机集群的并发性，实现高效、灵活的并行计算。在实际应用中，程序员需要根据不同的计算任务、数据规模和硬件环境，选择合适的并行编程模型和工具，以获得最优的性能和效率。例如，在分布式计算环境下，可以使用 MapReduce 模型和 Spark 框架实现进程并行模型，并通过分布式文件系统（如 Hadoop-HDFS 和 Google GFS）实现数据共享和部署。同时，还可以使用 MPI 和 OpenMPI 等并行程序库来加速分布式计算过程，并提供容错和优化功能。在硬件层面，可以使用集群计算、云计算和 GPU 计算等技术，提高计算性能和灵活性。

需要注意的是，进程并行模型需要进行显式的线程分配和进程管理，程序员需要花费更多的时间和精力在调度和同步上。同时，进程并行模型还面临着进程间通信和同步的高负担问题，特别是在分布式计算环境中，由于网络瓶颈和节点故障问题，进程并行模型可能存在一定的稳定性和性能问题。因此，在实际应用中，程序员需要根据不同的实际情况，结合性能评估和调优技术，选择合适的并行模型和跨越硬件平台的技术，使并行计算在高性能和高可靠性之间取得平衡。

3.3.6　混合并行模型

3.3.6.1　混合并行模型的定义和特点

混合并行模型是一种将多种并行计算模型结合在一起的并行程序设计模型，其基本思想是将不同的并行计算模型结合起来，以充分利用不同模型的优势和避免它们的缺点。

混合并行模型具有以下特点。

（1）高效和灵活：混合并行模型可以灵活地结合不同的并行计算模型，使计算资源得以充分利用，在很大程度上提高了程序的效率和计算速度。

（2）应对不同问题：由于不同的计算任务对计算模型有不同的需求，在某些情况下特定的模型不一定适用，混合并行模型可以结合多种模型以适应不同的计算需求。

（3）适合异构计算：混合并行模型可应用于不同集群、节点和硬件组合，更容易在异构系统中实现。

3.3.6.2　不同并行模型的结合方式和实现方法

混合并行模型可以使用多种方式来结合不同的并行计算模型。

1. 任务并行与数据并行结合

任务并行模型和数据并行模型相结合，以加速同一任务的处理速度，提升计算效率，如 OpenMP + MPI 结合框架等。

2. 进程并行与线程并行结合

在异构系统中，进程并行和线程并行可以结合实现不同的计算任务，CPU 上是线程并行，GPU 上是进程并行，如 CUDA 使用 CUDA Streams&Events 可以实现进程并行和线程并行。

3.AMD 和 Intel 的异构系统混合并行

AMD CPUs 和 Intel Xeon Phi Coprocessors/Intel GPGPU 等加速器架构可以通过 MPI,OpenMP 和 OpenACC 实现异构系统混合并行。

3.3.6.3　混合并行模型在科学计算和工业应用中的成功案例

混合并行模型在科学计算和工业领域都广泛应用,以下是一些成功案例。

1. 神威太湖之光超级计算机

神威太湖之光采用了混合并行计算模型,使用了任务并行的 MPI 和 OpenMP,以及 GPU 加速器上的 CUDA,并使用心智 ORI 节点进行数据并行和数据分发。它是全球第一台计算速度超过万亿次 / 秒的超级计算机。

2. 能源力学仿真

能源力学仿真是一种多物理场耦合的复杂数值计算方法,采用了批处理任务并行模型,并结合了 MPI 和 OpenMP 等,有效地提高了计算效率和精度。

3. 医学图像处理

医学图像处理采用了混合并行模型,利用了多线程 CPU 计算和 GPU 的 CUDA,并使用 MPI 和 OpenMP 实现分布式计算,可以大大提高图像处理效率,促进医疗诊断和治疗的进步。

总体来说,混合并行模型是一种高效灵活的并行计算模型,通常结合任务并行、数据并行、进程并行、线程并行等多种计算模型。混合并行模型在科学计算和工业领域有广泛的应用和成功案例,在未来的应用领域中将有更多的可能性。

3.3.7　本书使用的并行程序设计模型

并行程序设计模型是一种程序抽象的集合,它给程序员提供了一张计算机硬件 / 软件系统的透明简图,有了这些模型,程序员就可以为多处理器、多计算机和工作站机群等并行计算机开发并行程序。并行程序设计模型大致可分为四种:隐式并行模型、数据并行模型、消息传递模型和共享存储模型。

3.3.7.1　隐式并行模型

隐式并行(Implicit Parallelism)模型是相对于显式并行(Explicit Parallelism)而言的。显式并行是指程序的并行性由程序员利用专门的语言结构、编译制导或库函数调用等在源代码中给予明显的指定,数据并行模型、消息传递模型和共享存储模型都属于显式并行模型。在隐式并行模型中,程序员并未明确地指定并行性,而是让编译器和运行时支持系统自动地开发程序的并行执行,最著名的方法是串行程序的自动并行化,编译器分析串行源代码程序,然后使用转换技术将顺序代码转换成并行代码。

3.3.7.2　数据并行模型

数据并行就是将相同的操作同时作用于不同的数据,适合在 SIMD 和 SPMD 并行计算机上运行,SIMD 程序着重开发指令级细粒度的并行性,SPMD 程序着重开发子程序级中粒度的并行性。在数据并行模型中,程序设计注重的是局部计算和数据选路操作,比较适合使用规则网络求解细粒度并行问题。数据并行模型是一种较高层次上的模型,它给程序员提供了一个全局的地址空间,对于程序员来说,只需要简单地指明执行什么样的并行操作和并行操作的对象,就可实现数据并行的编程。在向量计算机上通过数据并行求解问题的实践说明数据并行可以高效地解决一大类科学与工程计算问题,但是对于非数据并行类的问题,如果通过数据并行的方式来解决,一般难以取得较高的效率。

3.3.7.3　消息传递模型

在消息传递模型中,不同节点处理器上的进程可以通过网络传递消息实现通信,消息可以是指令、数据、同步信号或中断信号等。用户必须明确地为进程分配数据和任务,比较适合开发粗粒度的并行性。消息传递模型比数据并行模型要灵活一些,而且有 PVM 和 MPI 两大标准库的支持,而且消息传递模型的程序可移植性比较好。消息传递即各个并行执行的部分之间通过传递消息来交换信息、协调步伐、控制执行。消息传递一般是面向分布式内存的,但是它也适用于共享内存的并行计算机,消息传递为程序员提供了更灵活的控制手段和表达并行的方法,一些用数据并行方法很难表达的并行算法都可以用消息传递模型来实现,且并行算法的执行效率也较高。

消息传递模型的底层硬件是一组处理器,每个处理器有自己的内存,且只能直接访问本地的指令和数据。一个互联网络支持各个处理器之间进行消息传递,如图 3-2 所示。处理器 A 可以发送一个包含本地数据的消息给处理器 B,这样就实现了处理器 B 对非本地(处理器 A)数据的访问。

图 3-2　消息传递模型

程序开始时,用户先指定并发的进程数,每个进程执行着同一个程序,每个进程都有一个唯一的 ID,在程序展开之后,不同的进程可以执行不同的操作。消息传递模型中一个很重要的概念是,进程间传递消息的目的既在于相互通信,也在于彼此保持同步。当一个含有数据的消息从一个进程传递到另一个进程时,其作用在于通信。只有在进程 A 向进程 B 发送了某个消息后,进程 B 才可能收到来自进程 A 的消息,因此收到消息的同时,进程 B 也获得了有关进程 A 的状态信息,即一个消息也可以起到同步的作用。

20 世纪 80 年代末,很多公司开始制造并出售多计算机系统,这种系统的编程环境通常由一种串行语言(C 或者 FORTRAN)以及一个使之能支持进程间通信的消息传递库扩展组成。每个供应商都有自己的函数调用接口,使开发出的程序缺乏可移植性。1989 年夏天,第一个版本的消息传递库在 Oak Ridge 国家实验室完成,称为 PVM(Parallel Virtual Machine),即并行虚拟机。它具有以下特点:①通用性强,系统规模小;② PVM 是一个自含式系统,包含进程管理、负载平衡和 I/O 等功能,对用户的支持好;③软件免费,公开源码,有一大批成熟的应用软件。利用 PVM 可以把局域网内的计算机互联组合为一台虚拟的网络计算机,用户的计算任务被分配到各个计算节点上,多个节点并行运算,从而实现粗粒度的并行性。PVM 的免费、开放以及易用使其成为一个被广泛接受的并行程序开发环境,有很多并行计算机公司都宣布支持 PVM,并被安装到各种版本的 Unix, Windows 操作系统上运行,所有这些有力地促进了 PVM 的推广。

1992 年,并行计算研究中心(Center for Research on Parallel Computing)赞助了分布式内存环境下消息传递标准研究小组(Workshop on Standards for Message Passing in a Distributed Memory Environment),这个小组讨论了标准消息传递接口的基本特征,他们并没有简单地采用一个现有的消息传递库接口,而是寻找最佳的特征,并于 1994 年 5 月制定出该标准的 1.0 版本,即 MPI(Message Passing Interface),它是一种适合进程间进行消息传递的并行编程接口,它是一个消息传递函数库的标准说明,吸收了众多消息传递系统的优点,是目前国际上最流行的并行编程环境之一。随后,对此标准进行了改进,加入了并行 I/O,并与 FORTRAN 和 C++ 绑定。1997 年 4 月,新版本的标准 MPI-2 形成。MPI 具有以下特点:①可移植性和易用性;②完备的异步通信功能;③有正式和详细的精确定义。

MPI 是一个复杂的系统,其 1994 年的版本即 MPI-1 中包含 129 个函数,1997 年的修订版本即 MPI-2 中的函数超过了 200 个,并行编程中最常用的函数有 30 个左右。表 3-1 给出了常用的一些 MPI 函数及其功能简介。

表 3-1　常用 MPI 函数及其功能

MPI 函数	功能
MPI_Init()	初始化 MPI 的运行环境
MPI_Finalize()	终止 MPI 执行环境
MPI_Comm_size()	返回 comm 通信域内的进程数目
MPI_Comm_rank()	返回调用进程在 comm 通信域中的进程号
MPI_Isend()	开始一个非阻塞式数据发送
MPI_Irecv()	开始一个非阻塞式数据接收
MPI_Wait()	等待,直到所有进程都发送和接收完毕
MPI_Barrier()	阻止 comm 通信域中进程,直到所有进程都运行到该指令
MPI_Type_commit()	提交新建的数据类型给系统
MPI_Type_free()	注销提交给系统的数据类型,释放其占用的内存空间

在消息传递模型中,并行算法的第一步就是区域分割。区域分割通过笛卡尔拓扑结构来划分子域,因此首先应该创建一个拓扑结构。在 MPI 函数库中,先用函数 MPI_Dims_create()建立虚拟进程网格,为了使算法具有较好的可扩展性,建立的虚拟进程网格最好接近方形,然后用此函数返回的整数数组来确定虚拟拓扑中每一维的大小,再用函数 MPI_Cart_create()定义笛卡尔虚拟拓扑结构,描述整个计算区域中子域的分布情况。通过虚拟拓扑,可以方便地识别各计算子域在该结构中的位置关系,为进程间的数据通信提供便利。

一个时域有限差分区域分解为多少个子区域是由可利用的处理器的个数所决定的。根据问题的特征,处理器通常可设置为一维、二维、三维拓扑结构,如图 3-3 至图 3-5 所示。

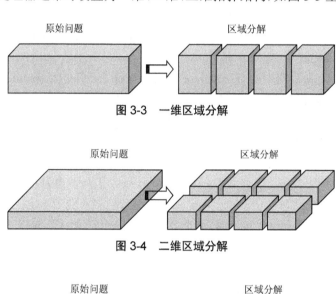

图 3-3   一维区域分解

图 3-4   二维区域分解

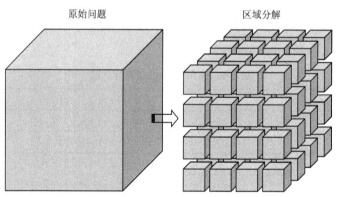

图 3-5   三维区域分解

一维、二维、三维拓扑结构分别是指处理器沿着 1 个、2 个、3 个方向放置,但这种虚拟拓扑结构跟处理器的物理连接并无关系。处理器的放置结构或者说区域的划分会直接影响并行效率。最理想的设置应该是具有相同计算能力的处理器获得相当的工作量。在不考虑激励源和计算结果输出的情况下,最理想的设置应该是使子区域的界面面积最小,即分割面面积最小,这样才能保证处理器间的通信量最小,减少并行通信开销。

将 FDTD 计算区域分割成多个子区域后,各个子区域内部的场量按照通常的 FDTD 公式进行迭代。由于 Yee 网格中电场和磁场各分量的位置彼此交错半个网格,在划分子域时,相邻子域之间有半个网格的重叠。对于相邻子域的交界面,界面上法向磁场(电场)分量的计算将只用到界面上的切向电场(磁场)分量,但界面上的切向电场(磁场)分量的计算却要用到相邻子域中的磁场(电场)分量,这就需要相邻子域之间进行数据交换。

在并行计算中,相邻进程间的通信是一个比较复杂的问题,应该给予高度重视。在并行时域有限差分中,有 3 种场交换技术。

(1)子区域交界面上的切向电场和磁场的交换在 2 个相邻子区域间进行,如图 3-6 所示。假设子区域沿着 x 方向划分,2 个切向分量 H_y 和 H_z 在子区域 N 中求解,然后使用 MPI 消息传递函数将 H_y 和 H_z 传递给相邻子区域 $N+1$,在子区域 $N+1$ 中,H_y 和 H_z 被用作边界条件求解子区域交界面上的电场 E_y 和 E_z,求出 E_y 和 E_z 后,使用 MPI 消息传递函数把 E_y 和 E_z 传递给子区域 N,在子区域 N 中,E_y 和 E_z 被用作边界条件求解 H_y 和 H_z。这个过程在每个时间步重复一次,这种场交换方法中,子区域交界面上的场只计算一次,与原始问题比较,这个过程没有任何的冗余计算,但其缺点是时域有限差分的递推过程每个时间步都要被中断 2 次来完成一次电场和一次磁场的交换。

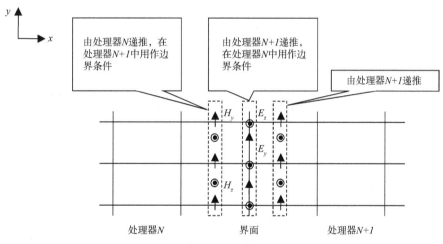

图 3-6　电场和磁场的交换过程

(2)只在相邻子区域交换磁场分量 H_y 和 H_z,但是就需要在 2 个子区域都计算 E_y 和 E_z,如图 3-7 所示。尽管这种方法相对于原始问题会增加一些多余的计算量,但是相对于每个时间步所有进程都被中断 2 次而言,多出的计算量所需的开销远远小于一次中断造成的时间消耗。数值实验表明,这种方法的并行效率要比第一种方法高。

(3)使用一个重叠区来实现 2 个子区域之间的信息交换,这个重叠区只包含一个网格,如图 3-8 所示。与第二种方法一样,这种方法也只需要交换子区域界面上的切向磁场分量信息。从场交换的角度来看,与第二种方法没有任何区别;但是,从并行程序的可靠性和共形网格生成来看,这种方法有着显著的优势,在第二种方法中,如果子区域界面与介质体界面重合,除要传递磁场信息外,还需传递相关的介质材料信息,而第三种方法,子区域界面上的切向电场以及与之相关的网格及材料信息都包括在当前的子区域中。第三种方法的缺点是边界上的切向电场需要在 2 个相邻的子区域内重复计算 2 次,并且在计算区域边界的子区域比实际区域大一个网格,计算区域中间的子区域比实际区域大 2 个网格,重叠区对并行效率的影响取决于子区域的大小。

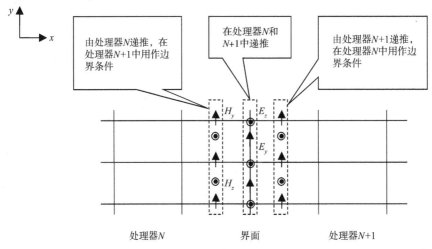

图 3-7 子区域边界磁场的交换过程

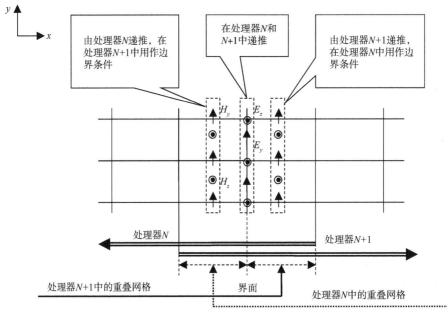

图 3-8 带重叠区域子区域边界磁场的交换过程

3.3.7.4 共享存储模型

在 20 世纪 80 年代,高性能的科学和工程计算中共享存储的编程模式曾经占据绝对优势。进入 20 世纪 90 年代后,尽管分布式的大规模并行处理系统迅速崛起,但共享存储的并行处理仍以其编程的简易性和系统的高可用性优势,在科学和工程计算中与分布式消息传递模式共领风骚。特别是近年来,随着微机系统中多核 CPU 的迅速普及,共享存储编程在网络集群上也得到越来越广泛的应用。

在共享存储的编程模式中,各个处理器可以对共享内存中的数据进行存取,数据对每个处理器而言都是可访问到的,不需要在处理器之间进行传递,即数据通信是通过读/写共享存储单元来完成的。因此,处理器之间的通信是隐式的,与消息传递模型显式的发送/接收操作相比,大大简化了并行设计的复杂度。

最常用的基于共享存储模型的并行编程接口是 OpenMP 标准,它是由 SGI 发起,一批主要的计算机硬件和软件厂商共同制定并认可的多线程并行程序设计的标准。OpenMP 是支持共享存储并行编程的工业标准,该名称中的 MP 代表多处理(Multiple Processing),Open 表示开放可移植。该标准委员会的目标是利用工业界、政府和学术界的通力协作,为多处理机的程序设计提供一个开放的说明规范。OpenMP 标准通过定义编译制导、库例程和环境变量规范的方法,为程序员提供支持 FORTRAN 和 C/C++ 语言的一组功能强大的高层并行结构,而且支持增量并行。目前,OpenMP 完全支持循环级并行(Loop-level Parallelism)、部分支持嵌套并行(Nested Parallelism)和任务并行(Task Parallelism)。OpenMP 的编程模型以线程为基础,通过添加并行化编译制导语句(以 #pragma omp 标记的语句)到串行程序中,显式地引导并行过程,从而为程序员提供对并行化的完整控制。

如图 3-9 所示,共享存储模型的底层硬件为一系列处理器,这些处理器都访问同一个共享存储器。由于所有处理器可以访问内存中的同一个位置,因而它们可以通过共享变量进行交互和同步。

图 3-9　共享存储模型

在共享存储的并行程序中,标准的并行模式为 Fork/Join 式并行。当程序开始执行时,只有一个称为主线程的线程存在,如图 3-10 所示。主线程执行算法的顺序部分,当需要并行运算时,主线程派生出(创建或者唤醒)一些附加线程。在并行区域内,主线程和这些派生的附加线程协同工作。每个线程执行并行区域的动态扩展中的语句,而工作共享结构除外。线程组中的所有线程必须以相同顺序遍历多个工作共享结构,相关结构块中的语句根据不同的制导语义由一个或多个线程执行,如果没有 nowait 子句,所有线程在工作共享结构的结束处隐式同步。如果一个线程修改了共享对象,它将不仅影响自己的执行环境,而且影响其他线程。在并行代码段结束时,派生的附加线程退出或者挂起,同时控制流回到单独的主线程中,称为会合。程序中可以说明多个并行结构,从而程序多次执行 Fork/Join 操作。需要注意的是,非同步调用 C/C++ 的 I/O 函数操作相同文件,将产生不确定结果;非同步调用 C/C++ 的 I/O 函数操作不同文件,将产生和串行执行 I/O 相同的结果。

共享存储模型与消息传递模型的一个关键区别在于,消息传递模型中的所有进程存活于整个程序的执行过程中,而在共享存储模型中,在程序的开始和结束时存活的线程数均为一,而在整个程序执行过程中线程数会动态变化。顺序执行的程序可以看作共享存储模型程序的一种特殊情况,即没有 Fork/Join 的形式。共享存储模型支持增量并行化,即既支持程序的并行执行(基于多线程和运行时库),又支持程序的串行执行(编译器忽略制导),一次操作并行化程序中的一段代码,进行多次这样的操作可以将整个顺序程序转化为并行程序。支持增量并行化是共享存储模型相对于消息传递模型最大的优势。可以通过分析得到顺序程序的轮廓,按照时间开销对程序的各个模块进行排序,然后从最费时的模块开始逐个进行分析,然后对适于并行执行的模块进行并行化,直到程序不能再获得更高的性能。而在消息传递模型中,没有共享存储器来存放变量,且并行进程在整个程序的执行过程中存活,由顺序程序到并行程序的转化不可能是增量式的。需要注意的是,如果一些编译制导和库函数使用不当,有可能使为并行开发的程序不能正确地串行执行,而且不同程度的并行性可能导致不一样的数值结果,这是因为数值操作顺序不同导致浮点舍入发生变化,如一个串行加法归约操作可能采用和并行归约不同的数值操作模式,这些不同模式将可能改变浮点加的数值结果。

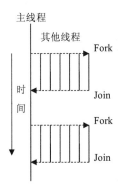

图 3-10　Fork/Join 并行模式

　　OpenMP 使用 C 编译器的 #pragma(“pragmatic information”的简写形式)扩展机制来定义制导,其基本格式为
　　　　#pragma omp 指令名称 [clause…]
其中,每个制导都以 #pragma omp 开头,以便减少与其他非 OpenMP 的 #pragma 制导冲突的可能性,然后跟一个且仅能跟一个制导名,接着是与该制导绑定的若干可选子句,最后以一个换行符结尾。每个制导的作用范围是紧随其后的结构化程序块,通常用一对 {} 括起来。

3.4　SIMD 技术简介

　　为了提高处理大量多媒体信息的能力,Intel 公司于 1997 年推出了 Pentium-MMX 处理器,该处理器首次采用了多媒体扩展(MultiMedia Extensions,MMX)技术。MMX 使用 8 个 64 位的 MMX 寄存器进行整数运算,能够支持单个 64 位数据、2 个 32 位数据、4 个 16 位数据或者 8 个 8 位数据紧缩在一个 64 位寄存器中同时处理,从而实现单指令多数据(SIMD)计算。同时, MMX 技术还具有饱和运算的功能,在数据超出最大值时可以选择不溢出，而是保持最大值。但是，MMX 技术也有一些明显的缺点，如 8 个 MMX 寄存器并不是独立的，而是使用原来的 8 个浮点寄存器，当使用 MMX 指令时，浮点寄存器就是 MMX 寄存器，当需要浮点运算时，再当作浮点寄存器使用，特别地，在进行 MMX 计算之后，必须使用复位指令才能进行浮点运算，使用起来比较麻烦。

　　1992 年，Intel 发布了最新款处理器 Pentium III，该款处理器的性能改善主要是提高了运算速度。Intel 在发布其处理器时，一直遵循摩尔定律，即每 18 个月处理器的速度提高一倍，但是 Pentium II 处理器的主频为 333~400 MHz，而 Pentium III 处理器的主频为 450~550 MHz，Pentium III 处理器的速度并没有比 Pentium II 提高一倍，但是性能却有着明显的提升。这是因为，从 Pentium III 开始，Intel 在其处理器中加入了对单指令多数据流扩展指令集（Streaming SIMD Extension，SSE）的支持。SSE 指令集包括 70 条指令，其中 50 条 SIMD 浮点运算指令，用来提高 3D 图形运算效率，以及 12 条 MMX 整数运算增强指令和 8 条优化内存中连续数据块拷贝指令。为了避免 MMX 指令集的寄存器复位问题，专门为 SSE 指令集增加了 8 个新的 128 位单精度寄存器（4×32 位），能同时处理 4 个单精度浮点数据，同时添加了一个状态 / 控制字。另外，SSE 还定义了一个新的数据类型，可以用来存储这 4 个单精度浮点数据，SSE 新增的寄存器和这个新的数据类型以及 4 个单精度浮点数在寄存器中的排列顺序如图 3-11 所示。

图 3-11　新数据类型排列

　　MMX 和 SSE 指令集都是在原来处理器指令集的基础上添加的扩展，都是单指令多数据流指令，不同的是二者所能处理的数据类型不同，MMX 只能进行整数的 SIMD 运算，而 SSE 增加了对单精度浮点数 SIMD 运算的支持。另外，MMX 没有定义新的寄存器，而 SSE 增加了全新的 128 位寄存器，即 xmm0~xmm7。MMX 和 SSE 寄存器分别如图 3-12 和图 3-13 所示。

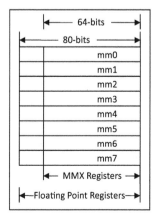

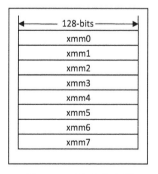

图 3-12　MMX 寄存器和浮点寄存器　　　　　　图 3-13　SSE 寄存器

Intel 公司的 SSE 技术能够有效增强 CPU 浮点运算的能力。Visual Studio .NET 2003 及以后的版本都提供了对 SSE 指令集的编程支持,从而允许用户在 C/C++ 代码中不用编写汇编代码就可直接使用 SSE 指令的功能。

3.5　基于 SSE 和 AVX 指令集的硬件加速原理

Pentium III 及更新的处理器中,每个处理器的每个核都有自己的缓存、浮点单元(Floating Point Unit,FPU)和向量算数逻辑单元(Vector Arithmetic Logic Unit,VALU),如图 3-14 所示。FPU 一次计算一组浮点数据,得到一个计算结果;支持 SSE 指令集的 VALU 可以同时计算四组浮点数据,得到四个计算结果,如图 3-15 所示。

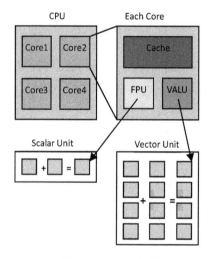

图 3-14　CPU 架构

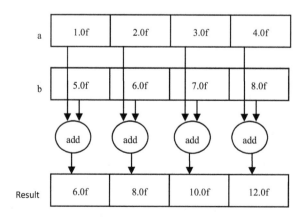

图 3-15　SIMD 计算流程图

为了应对日益增长的计算性能需求,Intel 公司又将 MMX 和 SSE 指令集扩展为高级矢量扩展（Advanced Vector Extensions，AVX），AVX 比原来的 SSE 指令集增加了一些新的特性，如把原来支持 SSE 指令集的 128 位寄存器扩展成 256 位，将来可能会扩展到 512 位或者 1 024 位，以及加入了三操作数的无损操作（Nondestructive Operations）。原来的指令集只支持两个操作数的运算，如 A=A+B，这种操作得到的结果会覆盖寄存器中的一个操作数，新的 AVX 指令集可以将操作数保留在寄存器中进行各种运算操作，如 A=B+C；有一些操作采用四个寄存器操作数，从而消除一些不必要的指令来实现更少更快的代码编写；内存中数据对齐的要求放松了；设计了一个新的扩展编码方案 VEX，以方便以后更容易扩展，同时使代码指令更少、执行更快等。

　　支持 Intel AVX 指令集的 CPU 包括 16 个 256 位寄存器，即 YMM0~YMM15，还包括一个控制 / 状态寄存器 MXCSR。YMM 寄存器是原来支持 SSE 指令集的 XMM 寄存器的别名，把 XMM 寄存器作为 YMM 寄存器的低位部分，如图 3-16 所示。

　　因此，使用 AVX 指令集以及支持 AVX 的寄存器进行运算，一次可以对 8 组单精度浮点数据进行操作，同时得到 8 个计算结果，如图 3-17 所示。

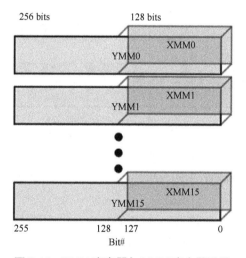

图 3-16　XMM 寄存器与 YMM 寄存器重叠

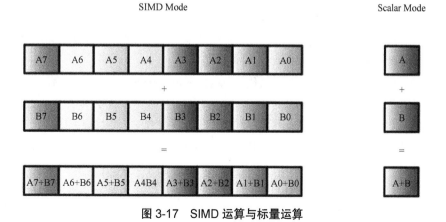

图 3-17　SIMD 运算与标量运算

通常,指令或者是标量格式,或者是矢量格式,矢量格式的指令以单指令多数据流的并行方式来操作寄存器中的数据,标量格式的指令在每个寄存器中只有一个操作入口。这种差异可以减少数据在寄存器中的移动,加速一些类型的算法。

AVX 指令集与 SSE 指令集使用的数据类型相似,对于 AVX,任何 32 位或者 64 位倍数的数据类型,如果位数加起来等于 128 或者 256 位,或者任何整数类型的数据,如果位数加起来等于 128,都是允许的数据类型,如图 3-18 所示。

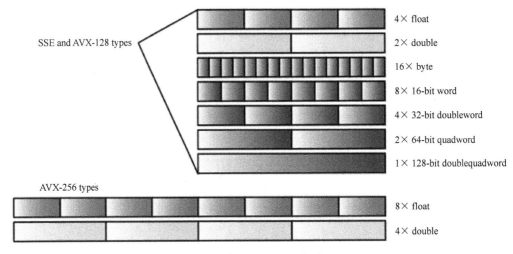

图 3-18　AVX 和 SSE 数据类型

当存放在 n 字节边界的操作数被作为一个 n 字节块进行操作时,数据就是内存对齐的。例如,当往 YMM 寄存器中加载一个 256 位的数据时,如果数据源是 256 位对齐的,数据就是对齐的。

对于 SSE 指令集来说,除非特别说明,否则一定要求数据是对齐的。而 AVX 则放宽了对数据对齐的要求,默认情况下,AVX 允许不对齐的访问,但是这种不对齐的访问必然会导致性能的下降,所以内存中的数据对齐仍然是最好的方式(128 位数据访问要求 16 位对齐,256 位数据访问要求 32 位对齐)。

除数据对齐与否会影响指令执行和程序性能外,另一个影响性能的因素是把旧的 SSE 指令集和新的 AVX 指令集混合使用,这会导致性能下降,因此要尽量减少从 SSE 到 AVX 的转换,或者说尽量不要把 SSE 与 AVX 混合使用。

2011 年第一季度发布的 Intel 第二代处理器 Sandy Bridge 是 Intel 的第一批支持 AVX 的处理器。

使用 SSE 指令集编写程序代码需要新的编写代码的方法,其中新方法之一就是矢量化(Vectorization)。矢量化是将串行执行的或者标量代码转换成可以并行执行的、充分利用 SIMD 架构并行化的代码。

使用 SSE 指令集编写 SIMD 并行程序,有四种方法:汇编语言;Intrinsics;C++ 类;编译器自动矢量化。其中,采用汇编语言编写的程序性能是最好的,但是汇编语言编写的程序可移植性比较差,而且代码不容易编写和维护。使用高级语言编写的代码也能跟汇编语言一样获得较好的并行性能。例如,专门为 SSE 和 MMX 设计的新的 C/C++ 语言扩展就可以实现与汇编语言同样的功能和效率。图 3-19 所示为手工编写的汇编语言代码和高级语言编写的代码在并行性能和可移植性、易用性方面的一个比较。

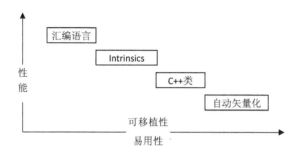

图 3-19　手工编写的汇编语言代码和高级编译器生成的代码的性能比较

下面通过一个简单的例子来说明如何把普通串行执行的代码用 Intrinsics 改写成 SSE 指令集形式的 SIMD 并行程序。

普通串行程序如下:

```
void add(float *a, float *b, float *c)
{
    int i;
    for (i = 0; i < 4; i++)
    {
        c[i] = a[i] + b[i];
    }
}
```

因为 SSE 指令集要求其操作数是 16 位边界对齐的,所以这里假定数组 a、b、c 都是 16 位对齐的。

Intrinsics 可以使程序员以 C++ 代码形式来实现汇编语言调用 SSE 指令集的功能,Intel 定义了两套 Intrinsics 来支持 MMX 技术和 SSE 指令集,并定义了 2 个新的数据类型 _m64 和 _m128 作为这两套 Intrinsics 的操作数,即 64 位和 128 位的数据对象。因此,可以使用 Intrinsics 来实现上述代码的功能,在使用 Intrinsics 前,首先要在程序开始包含 xmmintrin.h 头文件,程序如下:

```
#include <xmmintrin.h>
void add(float *a, float *b, float *c)
{
    _m128 t0, t1;
    t0 = _mm_load_ps(a);
    t1 = _mm_load_ps(b);
```

```
        t0 = _mm_add_ps(t0, t1);
        _mm_store_ps(c, t0);
    }
```

Intel 的 C/C++ 编译器提供了一个程序优化机制,通过该优化机制,一些简单的循环可以自动矢量化,或者编译器把串行代码转换成 SSE 代码。编译器可以自动判断一段循环代码是否适合转换成 SSE 代码。

SSE 指令集的 Intrinsics 命名遵循一定的规律,每个 Intrinsics 都是"_mm"开头,然后是"_"加上操作类型,如 add 代表加法操作,sub 代表减法操作,mul 代表乘法操作,div 代表除法操作,然后是"_ss"或者"_ps",其中 ss 代表单精度浮点数的最低位参与运算,ps 代表单精度浮点数作为一个 packed 数据整体参加运算操作,如图 3-20 所示。

指令: __m128 _mm_add_ss(__m128 a, __m128 b)

	R0	R1	R2	R3
结果:	a0+b0	a1	a2	a3

指令: __m128 _mm_add_ps(__m128 a, __m128 b)

	R0	R1	R2	R3
结果:	a0+b0	a1+b1	a2+b2	a3+b3

图 3-20   Intrinsics 中 ss 和 ps 操作

按照指令计算特征分类,SSE 指令大致可分为算术运算指令、逻辑运算指令、比较运算指令、数据类型转换指令、数据操作指令、缓存操作指令等。

AVX 指令集定义了新的数据类型 _m256,格式与 SSE 指令格式略有不同,在汇编语言格式中,AVX 指令是把相应的 SSE 指令前边加一个"V"字符,把 Intrinsics 中的"_mm"改成"_mm256",AVX 指令集要求其操作数是 32 位对齐的。

第 4 章　FDTD 的三级并行算法及优化

4.1　引言

自从 1966 年 Yee 提出时域有限差分（FDTD）至今，FDTD 已经形成了一套完整的计算方法，并且由于 FDTD 具有简单、灵活等特点，其在工业、国防、医学、材料、通信等领域发挥着越来越重要的作用。但是对于一些复杂的电磁仿真问题，为了保证计算精度和满足稳定性条件，需要划分的网格数量非常庞大，这就造成了计算时间过长和内存需求过大的问题。而且随着计算机技术的快速发展，并行计算技术突飞猛进，单个计算机无法解决的问题，基本都可以通过并行计算技术加以解决。由于 FDTD 具有天生的并行性，因此近年来有很多国内外学者和工程师在并行 FDTD 方面做了很多研究工作。

目前，FDTD 算法的并行加速程序绝大多数都是基于 MPI 库实现的，也有较少的一部分并行 FDTD 算法是基于 OpenMP 共享存储编程的，近年来有部分文献提出了把 MPI 和 OpenMP 两种并行技术融合在一起实现对 FDTD 算法的加速，并提出了两级数据并行或数据任务混合并行结构。随着计算机技术的迅速发展，多核技术已经普及到了普通计算机用户的桌面上，为了在现有硬件的基础上实现对并行 FDTD 算法的加速，充分利用现有的 CPU 计算能力，搭建一个多核处理器的 PC 集群，首先实现了 MPI 和 OpenMP 联合加速的两级数据并行 FDTD 算法，同时研究了普通 CPU 的结构特点，参考图形图像、视频音频处理的多媒体指令集加速的相关文献，提出了使用 SSE 和 AVX 指令集加速 FDTD 算法的方法。这样一来，传统的基于 MPI 和 OpenMP 的两级并行 FDTD 程序，在加入了 SSE 或者 AVX 指令集后，程序形成了三级数据并行结构，其中 MPI 和 OpenMP 均是实现的对 FDTD 场迭代中最外层循环的进程间和线程间的粗粒度数据并行，而 SSE 或 AVX 指令集实现的是对 FDTD 场迭代中最内层循环的指令级的细粒度数据并行。

4.2　并行程序编程环境

目前，比较常用的并行平台主要有两种：一种是基于 MPI 的；另一种是基于 OpenMP 的。

MPICH 是由美国 Argonne 实验室所发展的，详细资料可参考 http://www.mcs.anl.gov/research/projects/mpich2/index.php。随着计算机软硬件技术的发展，MPI 的版本也一直在不断更新，在本书的研究中我们选择 MPI 的一个较新版本 mpich2-1.4.1p1 作为并行编程的支持环境。

OpenMP 具有良好的可移植性,支持多种编程语言,包括 FORTRAN77,FORTRAN90 以及 C/C++;同时,在平台支持上,OpenMP 能够支持多种平台,如 Unix、Linux 以及 Windows 系统等。本书的研究选择 Windows 平台下的 Microsoft Visual Studio.net 2008 和 Microsoft Visual Studio.net 2010 开发套件,它通过一个新的 /openmp 选项,使编译器完全支持 OpenMP2.0 标准,在 Microsoft Visual Studio.net 2008 或 Microsoft Visual Studio.net 2010 开发套件中配置 OpenMP 支持环境方法相同,首先新建一个项目,假设命名为 OpenMP_Test,并为该项目添加一个 OpenMP_Test.cpp 文件,然后在菜单栏选择"项目→ OpenMP_Test 属性"打开该项目的属性对话框,按如图 4-1 所示设置,就可以让编译器自动生成多线程代码,由于本书是手工编写程序实现线程级并行,不希望编译器自动生成线程并行代码,因此选择"否"。

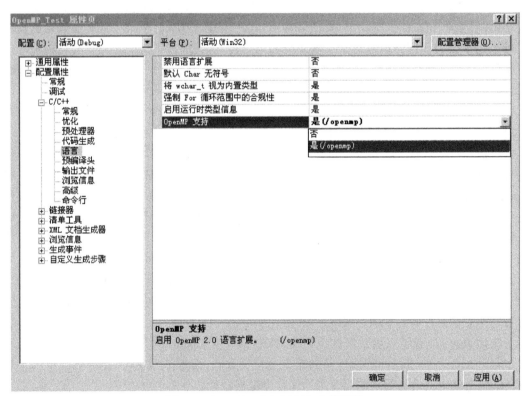

图 4-1　OpenMP 在 VS2008 中的配置

4.3　内存分配与数据对齐

简单来说,FDTD 算法就是对麦克斯韦方程组中两个旋度方程在时间和空间上进行差分离散,空间离散在计算机内存中的表示形式是多维数组,而时间离散则表现为紧耦合多维数组的步进迭代。因此,FDTD 高效率计算机实现的前提就是要有高效的数组实现方法,而且如果想要利用 SSE 和 AVX 指令集的并行计算模式,内存中的数据结构必须适合进行 SIMD。为了避免内存访问速度成为 CPU 速度的瓶颈,现在的 CPU 都有缓存的设计,甚至还有多层的缓存,如本书测试 AVX 指令集加速效果所使用的 Intel Sandy Bridge 家族的 Core i5 2320 就设计有三级缓存。CPU 在从内存中读取数据时,先查询一级缓存,如果命中,则读取数据,操作没有额外的延时;如果一级缓存没有命中,则继续查询二级缓存,如果在二级缓存中命中,则读取数据,操作会延时几个指令周期;如果二级缓存没有命中,则继续查询三级缓存,如果在三级缓存中命中,则读取数据,操作大约会延时几个指令周期;如果三级缓存没有命中,则在主存储器中读取数据,延时会更多。所以,为了减少 CPU 等待读取内存数据的时间,内存中的数据组织应该尽可能地保持数据地址的连续性,从而减少缓存的不命中率引起的延时问题,D. Talla 等在相关文献中也说明了这一点。

　　C 语言中有两种变量的存储方式,即静态存储方式和动态存储方式,前者是在程序运行期间编译器自动分配固定存储空间的方式,如程序中用数组运算符 [] 实现静态数组;后者是在程序运行期间程序员根据需要借助库函数进行动态的分配存储空间。另外,用数组下标 [] 分配的数组存放在栈中,能够分得的最大内存空间比较小,对于计算电磁学中复杂的电大尺寸电磁问题,这个静态存储空间是远远不够的,因此要使用堆中的动态存储空间给变量动态分配内存,用内存分配函数 malloc(*size*) 来实现,调用此函数,则会在内存的动态存储区中分配一块长度为"*size*"字节的连续区域。函数的返回值为该区域的首地址参数。由于 SSE 和 AVX 指令集对其操作数的内存边界对齐有要求,它们分别要求自己的操作数为 16 位和 32 位边界对齐的,实现边界对齐的内存分配的方法有三种,见表 4-1。

表 4-1　边界对齐的内存分配函数

内存分配函数	适用范围	例子
_declspec(align(alignment))	静态内存分配	__declspec(align(16)) int array_name[size] = {0,1,2,3⋯}
_mm_malloc(size,alignment)	动态内存分配	float *array_name = (float*)_mm_malloc(sizeof(float)* size, alignment)
_aligned_malloc(size,alignment)	动态内存分配	float *array_name = (float*)_aligned_malloc(sizeof(float)* size, alignment)

　　首先,在进行数组的内存分配时,考虑到 SSE 指令集的操作数需要 16 位对齐,因此在根据实际电磁问题确定了数组大小后,对 *z* 轴方向数组的大小 *nz* 要做一个处理,即判断一下实际问题计算得到的 *nz* 大小是否能够被 4 整除(用 SSE 指令集编写程序,需要 *nz* 能够被 4 整除,如果是用 AVX 指令集编写程序,需要 *nz* 能够被 8 整除),如果能够整除,则 *nz* 不用再改变,否则要让 *nz* 做自加运算,直到 *nz* 的值能够被 4 整除为止,这样最内层循环在运行的时候不至于出现内存访问越界等问题。实现伪代码如下:

```
while ( nz % 8 != 0)
{
    nz ++;
}
```

本书中,对于静态内存分配使用 _declspec（align（*alignment*））函数来实现,而动态内存分配均用 _mm_malloc（*size*, *alignment*）来完成,其中参数"*size*"仍为要分配的内存的大小,参数"*alignment*"为边界对齐的位数,要么是 16,要么是 32。例如,如果我们在程序中需要一个三维数组 *array_name*[*x_size*][*y_size*][*z_size*],可以首先定义一个一维数组 *array_name_tmp*[*N*],其中 *N* = *x_size* * *y_size* * *z_size*,然后把一维内存地址映射到三维数组 *array_name* 即可,实现伪代码如下:

```
// 分配一维内存空间
array_name_tmp = (float*)_mm_malloc( sizeof( float ) * x_size * y_size * z_size,16 );
array_name = ( float *** )_mm_malloc ( sizeof ( float** ) * x_size, 16 );
for( i = 0; i < x_size; i++)
{
    array_name[i] = ( float ** )_mm_malloc( sizeof ( float* ) * y_size, 16 );
    for( j = 0; j < y_size; j++)
    {
        // 将一维内存地址映射到三维数组
        map_address = i * y_size * z_size + j * z_size;
        array_name[i][j] = &array_name_tmp[map_address];
    }
}
```

假设上述代码的 *x_size* = *y_size* = *z_size* = 2,则 *N* = 8,那么从一维数组到三维数组的地址映射关系如图 4-2 所示。

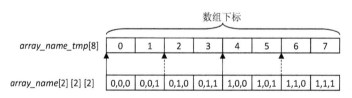

图 4-2　从一维数组到三维数组的地址映射

使用这个方法分配的内存在 *y-z* 平面上的地址是连续的,为了更加清楚地说明三维数组地址与数组下标关系,令 *x_size* = *y_size* = *z_size* = 8,如图 4-3 所示,其中（*i*, *j*, *k*）对应数组元素 *array_name*[*i*][*j*][*k*],且 *i*, *j*, *k* = 0, 1, 2,…, 7。从图 4-3 可以看出,数组地址首先在第三维即 *z* 方向连续,即（0, 0, 0）~（0, 0, 7）地址连续,（0, 1, 0）~（0, 1, 7）地址连续,而（0, 0, 7）和（0, 1, 0）地址也是连续的,依此类推。在程序执行过程中,首先计算（0, 0, 0）元素,然后计算（0, 0, 1）元素等,在计算（0, 0, 0）元素时,CPU 首先读入以（0, 0, 0）数组元素地址为起始地址的一个缓存行,然后进行电磁场迭代计算,（0, 0, 0）元素计算完毕,则计算（0, 0, 1）元素,在计算（0, 0, 1）元素时,因为此元素在 CPU 读入（0, 0, 0）时,已经连带（0, 0, 1）等元素都读入缓存中,所以无须再读,因此数组的这种结构可以实现连续寻址,从而提高缓存的命中率,改善程序的性能。

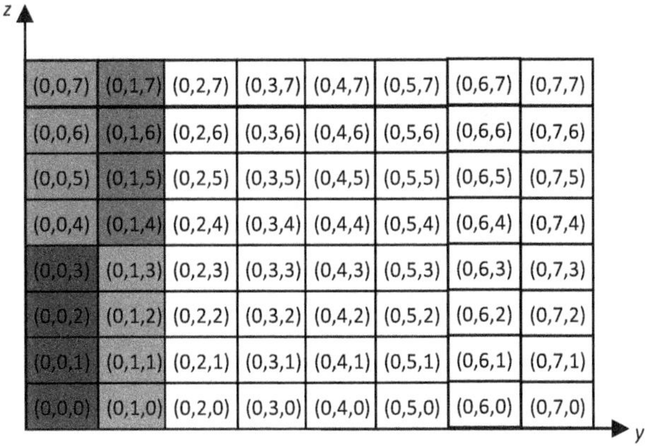

图 4-3　*y-z* 平面上的数组元素的地址关系

4.4　CPML 边界并行处理及负载平衡问题

在并行计算中,把 FDTD 计算区域分割成多个子域后,推边界、TF/SF 边界和吸收边界等三个边界也会不可避免地被分割到不同子域,因此边界的并行计算需要特殊的处理。本书中只涉及 CPML 吸收边界,并行处理方法是进程 0 负责计算 CPML 相关系数,然后根据区域划分把计算结果广播给其他进程。

如图 4-4 所示,在数值实验中,为了有比较好的吸收效果,选取 6 层 PML 吸收介质,激励源放在计算区域的正中心。从图 4-4 可以看出,如果要创建二维或者三维拓扑结构,所建立的虚拟进程网格最好是正方形或者正方体结构,这是因为计算区域的边界处有 6 层 PML 吸收介质,这样一来有 PML 介质的位置和自由空间位置的计算量是不一样的。从式(2-6)等六个公式可以看出,有 PML 介质的位置要比自由空间位置的计算量大,即 PML 区域需要多计算两个 Ψ 值,因此如果当前可用的计算节点多于 2 个,而所建立的虚拟进程网格不是正方形或者正方体结构,或者拓扑结构是一维的,则会造成各计算节点负载不平衡的情况。例如,当前有 3 个节点可以使用,拓扑结构是一维的,则需要把计算区域沿着 *x* 方向分成三个子域,并分配给编号为 0~2 的三个进程,如果是按照网格的数目平均分配且可用节点计算能力完全相同,则编号为 0 和 2 的节点所分得的子域计算任务比编号为 1 的节点所分得的计算任务要大,即 0 和 2 进程需要处理 *x* 方向的 PML 区域,而 1 进程则不需要,当 1 进程计算完毕后,需要花费时间等待 0 和 2 进程,即 1 个进程等待多个进程的情况;再如,如果当前有 10 个节点可以使用,而计算区域沿着 *x* 方向足够大,仍然采用一维拓扑结构,因此计算区域需要沿着 *x* 方向分成 10 个子域,并分配给编号为 0~9 的 10 个进程,其中编号为 0 和 9 的进程需要处理 *x* 方向的 PML 区域,而其他 8 个进程则不需要,在这种情况下,编号为 1~8 的进程首先完成计算任务,然后等待编号为 0 和 9 的进程,即多数进程等待个别进程的情况,这都是负载不平衡的典型表现,都会导致并行效率的下降。

FDTD 并行计算中负载平衡是一个很矛盾、很复杂的问题,在考虑内存开销和计算能力等问题的基础上实现负载分配的完全平衡是非常困难的。一般来讲,一个良好的负载平衡策略应该合理地划分计算空间,使各计算进程和线程在每个时间步中的执行时间相等,避免相互等待而造成空闲状态,如何权衡这些因素实现合理的区域分割还没有明确、有效的规则可供遵循,只能借鉴经验和反复尝试,而所谓的实现负载平衡的方法也都是获得一个相对的负载平衡状态,不过这对于普通的计算任务来讲已经足够。由于本书更加侧重的是基于SSE和AVX指令集的第三级并行算法,因此对负载平衡问题的处理采用了最简单的方式,即采用一维拓扑结构,利用2个计算节点,基本能够达到一个负载平衡的状态。

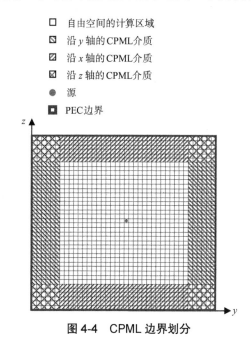

图 4-4　CPML 边界划分

4.5　基于 MPI 库的第一级并行算法

　　MPI 标准是目前最流行的,可移植性和可扩展性都很好的并行编程消息传递规范,几乎受到所有高性能计算机和机群系统的支持。

4.5.1　基于 MPI 库的第一级并行实现

　　本书主要是研究 SSE 和 AVX 指令集的加速效果,因此对基于 MPI 的第一级并行划分选取比较简单的一维拓扑结构即可满足要求。前面曾经提到,C 语言的三维数组在 y-z 平面上的数据地址是连续的,这一点从 4.3 节内存分配方法也可以看出。因此,一维拓扑结构选择沿着 x 方向划分,这样能保证不破坏数据地址的连续性;反之,如果沿着 z 方向划分,在计算过程中,由于 SSE 和 AVX 指令集是对电磁场迭代的最内层循环进行并行处理,z 方向数据地址的连续性不好会导致缓存命中率降低,进而影响 SSE 或 AVX 指令执行的效率。

首先对要仿真的区域进行域分解。如图 4-5 所示,根据可用的节点数,把整个计算区域沿 x 方向分解成多个子域,并分配给不同的进程分别进行计算。负责计算各子域的进程之间通过 MPI 消息传递函数进行通信,互相传递子域边界处的电磁场值。另外,在 C 语言中,调用函数需要花费一定的调用时间,如果能够用宏定义来实现函数功能,则可以改进程序设计环境,提高编程效率,域分解实现的部分伪代码如下。

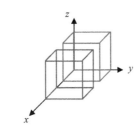

图 4-5　第一级并行任务划分示意图

第一步:定义几个宏。
```
#define BLOCK_LOW(id,p,n) ((id)*(n)/(p))
#define BLOCK_HIGH(id,p,n) (BLOCK_LOW((id+1),p,n)-1)
#define BLOCK_SIZE(id,p,n) (BLOCK_HIGH(id,p,n)-BLOCK_LOW(id,p,n)+1)
#define BLOCK_OWNER(j,p,n) (((p)*((j)+1)-1)/(n))
```
第二步:初始化 MPI 环境。
```
MPI_Init( );
MPI_Comm_size( MPI_COMM_WORLD, &p );
MPI_Comm_rank( MPI_COMM_WORLD, &id );
```
第三步:根据可用的节点数以及任务规模确定每个进程负责的子域大小。
```
size = BLOCK_SIZE( id, p, imax );
memory_size = size + 2;
```
第四步:定义新的 MPI 数据类型 new_dtype,用于进程间交换数据。
```
MPI_Type_vector( 1, jmax * kmax, jmax * kmax, MPI_FLOAT, &new_dtype );
MPI_Type_commit( &new_dtype );
```
第五步:初始化数组和变量,0 进程负责计算 PML 参数和分配任务。
第六步:开始计时,开始时间步的循环迭代。
```
elapsed_time = - MPI_Wtime();
磁场递推,磁场边界处理
进程间通信传递子域边界处的磁场
if( id != p - 1 )
{
  MPI_Isend( hy[memory_size - 2][0], 1, new_dtype, id + 1, 0, MPI_COMM_WORLD,
  &req[0]);
  MPI_Isend( hz[memory_size - 2][0], 1, new_dtype, id + 1, 1, MPI_COMM_WORLD,
```

```
        &req[1]);
    }
    if( id != 0 )
    {
        MPI_Irecv( hy[0][0], 1, new_dtype, id－1, 0, MPI_COMM_WORLD, &req[0]);
        MPI_Irecv( hz[0][0], 1, new_dtype,id－1, 1, MPI_COMM_WORLD, &req[1]);
    }
```

电场递推,电场边界处理

加入激励源

进程间通信传递子域边界处的电场

```
    if( id != 0 )
    {
        MPI_Isend( ey[1][0], 1, new_dtype, id－1, 0, MPI_COMM_WORLD, &req_E[0] );
        MPI_Isend( ez[1][0], 1, new_dtype, id－1, 1, MPI_COMM_WORLD, &req_E[1] );
    }
    if( id != p－1 )
    {
    MPI_Irecv( ey[memory_size－1][0], 1, new_dtype, id + 1, 0, MPI_COMM_WORLD,
&req_E[0]);
    MPI_Irecv( ez[memory_size－1][0], 1, new_dtype, id + 1, 1, MPI_COMM_WORLD,
&req_E[1]);
    }
```

第七步:时间步循环迭代结束,0 进程负责从其他各进程收集数据,停止计时,0 进程输出结果,

```
    MPI_Gather( ez[1][0], size, new_dtype, Ez_save[0][0], size, new_dtype,0,MPI_COMM_
WORLD );
    elapsed_time += MPI_Wtime();
```

第八步:释放派生数据类型句柄,释放内存空间,结束 MPI。

```
    MPI_Type_free();
    _mm_free(array_name);
    MPI_Finalize();
```

4.5.2　伪代码解释说明

如果有 $imax$ 个任务(编号为 0~$imax$ - 1),要分配给 p 个进程或线程(编号为 0~p-1)并行执行,那么每个进程或线程(编号为 id)分得的任务的起始编号和终止编号,即每个进程或线程负责的子域范围,可以通过定义的宏替换"BLOCK_LOW"和"BLOCK_HIGH"来得到,每个进程分得的任务数可以通过宏"BLOCK_SIZE"来得到,有时候可能还需要知道编号为 j 的任务被分配给哪个进程,这时通过宏"BLOCK_OWNER"即可得到。例如,如果计

算区域中加入了一个点源作为激励源,当区域分割后,需要判断点源位置被分配给哪个进程,从而在时间步循环迭代的过程中,任务中拥有点源位置的进程才需要加入激励源的迭代,而其他进程则不需要。

（1）MPI_COMM_WORLD 是 MPI 初始启动时默认的通信域,在程序没有建立新的通信域前,所有的 MPI 操作都在此通信域中进行。通过 MPI_Comm_size（）和 MPI_Comm_rank（）可以分别得到当前可用的节点数 p 和每个进程的编号 id 放到变量 p 中每个进程分得的任务块的大小。

（2）前面已经提到,通过宏"BLOCK_SIZE"可以得到每个进程或线程分得的任务数 $size$,但是考虑到进程间的通信需要额外的数据空间来保存交换的场值信息,因此在内存分配时,每个进程需要为每个场值分量分配的内存空间大小为 $memory\_size * jmax * kmax$,其中 $jmax$ 和 $kmax$ 分别为 y 方向和 z 方向的网格数目,$memory\_size = size + 2$ 为 x 方向的网格数目。

（3）因为域分解沿 x 方向,所以进程间传递的数据为分界面处 y-z 平面上的数据,把 y-z 平面上的所有数据定义为一个新的数据类型 new_type 作为一个整体进行传递。

（4）在进程间进行电磁场的交换时,需要根据递推公式判断需要交换的是哪些电磁场值以及场值传递的出发地和目的地。以磁场交换为例,假定 x 轴正向为沿着平行于纸面向右的方向,那么如果不是编号为 p-1 的进程,则向右传递磁场 H_y 和 H_z,如果不是编号为 0 的进程,则从左边进程接收磁场 H_y 和 H_z。

（5）时间步循环迭代结束时,由于每个进程拥有的只是计算任务的一部分结果,所以需要把每个进程的计算结果都收集起来并输出,这里由 0 进程负责收集数据。以收集 E_z 为例,假设每个进程分配的任务数目都相同,因此利用 MPI_Gather 收集即可,其中收集数据的起始地址为 $ez[1][0]$ 而不是 $ez[0][0]$,这是因为 $ez[0][j][k]$ 存放的是进程间交换的场值,对于计算区域的最终结果是无效数据,因此不予收集。

（6）本书的 FDTD 实验数据中,凡涉及仿真时间的内容,都是利用 MPI 函数 MPI_Wtime（）计算得到的,MPI_Wtime（）的功能是返回一个双精度浮点数,表示从过去的某个时刻到现在流逝的秒数,在时间步循环开始和结束时,分别用此函数得到一个时间,两个时间相减就是时间步循环所花费的时间。

（7）用 MPI_Type_commit（）提交的 MPI 新数据类型,在程序结束时要用 MPI_Type_free（）函数将其释放;同样,在程序开始时,用 _mm_malloc（）函数分配的内存空间,在程序结束时也要用相应的内存释放函数 _mm_free 将其占用的内存释放。

（8）如果任务划分之前的串行迭代如下:

```
for ( i = 0; i < imax; i++ )
{
  for ( j = jmin; j < jmax; j++ )
  {
    for ( k = kmin; k < kmax; k++)
    {
      // 场值递推
```

```
          }
        }
      }
```

则经过 MPI 的域分解后,每个进程的迭代变为原来总任务的一半,即

```
      for ( i = istart; i <= iend; i++ )
      {
        for ( j = jmin; j < jmax; j++ )
        {
          for ( k = kmin; k < kmax; k++)
          {
            // 场值递推
          }
        }
      }
```

其中,对于进程 0, $istart = 0$, $iend = imax / 2 - 1$;对于进程 1, $istart = imax / 2$, $iend = imax - 1$,即基于 MPI 的并行计算是对最外层循环的一个并行处理方法,把一个大任务通过域分解分配给两个进程并行执行,以空间换取时间,从而实现对 FDTD 递推的加速。

4.6 基于 OpenMP 共享存储编程的第二级并行算法

4.6.1 基于 OpenMP 共享存储编程的第二级并行实现

本书的第一级并行实现是基于 MPI 的区域划分,每个 CPU 进程分得一定的任务,并通过消息传递来实现交互和通信,然而对于 FDTD 算法结合当前可用的多核计算机资源来讲,如果采用进程级和线程级的混合模式的并行,则会有更好的加速效果。在混合模式下,每个处理器运行一个 MPI 进程,它们通过 MPI 消息传递函数进行通信和数据共享,同时在每个进程的并行代码区域内,再利用 OpenMP 派生出若干个线程,这些线程通过共享存储变量进行交互。在很多情况下,使用 MPI 和 OpenMP 混合编程的程序比单纯用 MPI 编写的程序效率更高,这是因为混合编程模式的程序一方面具有并行程序的加速效果,另一方面有更少的通信开销。

因此,本书的第二级并行实现是基于 OpenMP 共享存储编程,在基于 MPI 消息传递的第一级数据并行的区域分解后,把每个节点分得的任务再次划分,即根据每个 CPU 中可利用的核数,先利用 OpenMP 生成多个线程,然后将每个子域的计算再分配给多个线程并行执行,如图 4-6 所示。由于 OpenMP 是共享存储编程,因此各线程之间无须进行通信即可共享数据,实现的伪代码与 4.5.1 节的基于 MPI 库的并行实现衔接,以 0 进程内的线程级并行实现为例,实现框架如下。

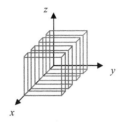

图 4-6　第二级并行任务划分示意图

第一步：通过添加并行化编译制导语句，显式地引导并行执行。

　　#pragma omp parallel private(thread_num, i, j, k, vk, thread_min, thread_max)

　　{

第二步：获取当前进程或计算节点中可用的线程数目，为任务划分做准备。

　　num_threads = omp_get_num_threads();

　　thread_num = omp_get_thread_num();

第三步：使用 4.5.1 节定义的宏来实现线程间的任务分配。

　　thread_min = istart + BLOCK_LOW(thread_num, num_threads, (istart − iend + 1));

　　thread_max = istart + BLOCK_HIGH(thread_num, num_threads, (istart − iend + 1));

第四步：每个线程都并行执行下面的三层循环迭代，完成一个时间步的场值递推。

```
    for (i = thread_min; i <= thread_max; i ++)
    {
      for( j = jmin; j < jmax; j++)
      {
        for( k = kmin; k < kmax; k ++ )
        {
          // 场值递推
        }
      }
    }
}
```

4.6.2　伪代码解释说明

（1）实际 OpenMP 共享存储编程中比较常用的一些制导有 Parallel 结构、For 结构、Sections 结构等，本书主要采用 Parallel 结构。OpenMP 的最基本并行执行单元是 Parallel 结构，Parallel 制导作用于跟随其后的结构化程序块：

　　#pragma omp parallel [clause…]

　　{

　　　/* 这里是需要并行执行的内容 */

　　}

其中,可选子句包括 if(表达式)、private(变量列表)等。在 if 子句中,当表达式的值为非零值时,并行执行程序块,否则串行执行程序块;private 为数据作用域属性子句,用来说明变量列表中变量在并行区域中是否被线程组共享。考虑到在 FDTD 迭代中,每个线程进行三层循环迭代的进度并不会完全相同,因此 i、j、k 和 vk 这四个变量不能在线程之间共享,因此列入 private 子句的"变量列表"中,每个线程都存有这几个变量的副本,并不共享,另外三个变量 thread_num、thread_min 和 thread_max 分别存储当前进程所生成的每个线程的编号、每个线程分得的任务的起止范围,通过下面的分析可知,对于不同的线程,这三个变量的值是不同的,因此也不能在线程间共享,被列入 private 子句的"变量列表"中。

　　(2)本书采用共享存储编程中的标准并行模式,即图 3-10 所示的 Fork/Join 式并行,程序开始时,只有一个主线程(编号为 0)存在,负责执行算法的顺序部分,当遇到并行制导语句 #pragma omp parallel 时,由主线程派生出一些附加线程(编号为 1)共同执行电磁场的循环迭代,这就是所谓的 Fork 过程;当程序的流程到达共享结构的结束处时,各线程自动隐式同步,派生的线程 1 便退出或挂起,即 Join 过程。本书使用 OpenMP 函数 omp_get_num_threads()和 omp_get_thread_num()得到本计算节点内可用的活动线程数目 num_threads 和每个线程的编号 thread_num,为下一步线程间的任务分配做好准备工作。

　　(3)前面已经提到,当前 0 进程在 x 方向分得的任务范围是 $istart$ 和 $iend$,因此 0 进程的任务数目就是($istart - iend + 1$),得出当前进程负责的 x 方向的任务范围,前面定义的宏 BLOCK_LOW 和 BLOCK_HIGH 用在这里可以得到每个线程的任务起止范围 $thread\_min$ 和 $thread\_max$,但是由于在第一级任务划分时,把总的任务(编号为 0~$imax$ - 1)已经划分为两个子任务,这时每个进程的 $istart$ 不一定是从 0 开始的,那么就需要把 $istart$ 这个偏移量加到 $thread\_min$ 和 $thread\_max$ 上,这样得到的才是每个线程负责的正确的任务编号。4.5.2 节已经说明,进程 0 的 $istart = 0$,$iend = imax / 2 - 1$,进程 1 的 $istart = imax / 2$,$iend = imax - 1$。假设每个进程都生成两个线程,则对于每个进程的线程 0,其 $thread\_min = istart$,$thread\_max = (iend + 1) / 2 - 1$,而线程 1 的 $thread\_min = (iend + 1) / 2$,$thread\_max = iend$。其中,$istart$ 和 $iend$ 的值对于每个进程都是不同的。这样通过 MPI 域分解,把电磁场计算迭代中的最外层循环平均分配给 2 个进程并行执行,在每个进程内部又利用 OpenMP 制导语句把各自分得的任务平均分配到 2 个线程并行执行,因此基于 MPI 和 OpenMP 实现的两级并行算法都是对最外层循环的并行化,属于粗粒度的并行算法。

4.7　基于 SSE 指令集的第三级并行算法

4.7.1　基于 SSE 指令集的第三级并行实现

　　使用 SSE 指令集优化代码有四种方法:汇编语言、Intrinsics、C++ 类和编译器自动矢量化。本书采取使用 Intrinsics 的方法。虽然使用 SSE 指令集最直接的方法就是在代码中直接嵌入汇编语言,但是汇编语言编写的代码可读性和可移植性都比较差,而且编写比较费时费力,Intel 的 C++ 编译器通过使用植入编译器内部的 API 扩展集可以很容易地使用这些指令,这些扩展集就是 Intrinsic functions 或者 Intrinsics。使用 Intrinsics,编译器可以优化 intrinsic 指令调度,从而加快运行速度,同时 Intrinsics 提供标准 C 和 C++ 所没有的访问指令,从而可以使用 C 语言来代替汇编语言,使程序编写非常容易。

在 Microsoft Visual Studio.net 2003 开发套件中已经加入编译器对 SSE 指令集的支持,而 Microsoft Visual Studio.net 2010 开发套件中已经加入编译器对 AVX 指令集的支持,即通过启用一个选项,可让编译器自动生成 SSE 或 AVX 代码。首先新建一个项目,假设命名为 SSE_Test,并为该项目添加一个 SSE_Test.cpp 文件,然后在菜单栏选择“项目→ FSSE_Test 属性”打开该项目的属性对话框,接着可以按图 4-7 所示的方法,启用 SSE 指令集可以在图 4-8 中选择“流式处理 SIMD 扩展(/arch: SSE)”选项;启用 AVX 指令集可以按图 4-8 所示的方法,在命令行输入“/arch: AVX”,但是在启用 SSE 指令集时,一定要把图 4-8 中命令行中启用 AVX 指令集的语句删除,而启用 AVX 指令集时,一定要把图 4-7 中的“启用增强指令集”一项设置为“未设置”。

本书为了测试编写的基于 SSE 和 AVX 指令集的代码的运行速度,禁止编译器自动将代码向量化,因此整个测试过程都要在图 4-7 中选择“未设置”,并把图 4-8 中命令行一栏清空。

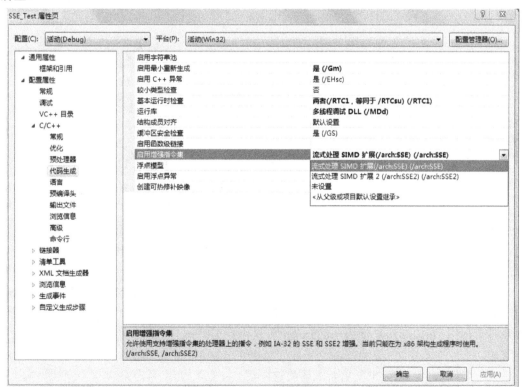

图 4-7　启用 SSE 指令集

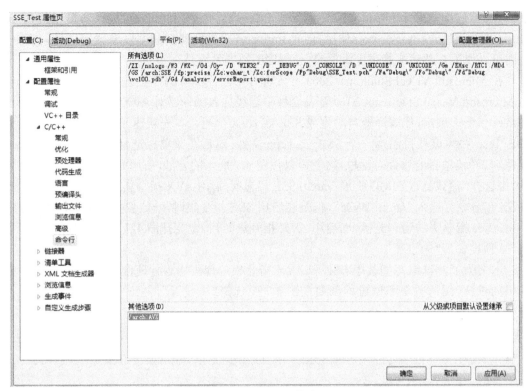

图 4-8　启用 AVX 指令集

通过第 2 章 FDTD 算法的递推公式（2-13）至（2-17）可以看出，FDTD 不仅适合粗粒度的数据并行，而且由于其对内存数据访问的相对规律性，也非常适合 SIMD 的细粒度并行处理。

基于 MPI 的第一级并行和基于 OpenMP 的第二级并行都是对计算区域的划分，属于粗粒度数据并行，而基于 SSE 指令集的第三级并行则是指令级的数据并行，是细粒度数据并行。假设 y-z 平面上的网格划分为 8×8，如图 4-3 所示，前面也曾提到，电磁场数据在 y-z 平面是连续的，即 $(0,0,0)$，$(0,0,1)$，$\cdots$，$(0,0,7)$ 是连续的，$(0,1,0)$，$(0,1,1)$，$\cdots$，$(0,1,7)$ 是连续的，且 $(0,0,7)$ 和 $(0,1,0)$ 也是连续的。利用 SSE 指令集计算电磁场值时，第一次计算出 $(0,0,0)$，$(0,0,1)$，$(0,0,2)$ 和 $(0,0,3)$，第二次计算出 $(0,0,4)$，$(0,0,5)$，$(0,0,6)$ 和 $(0,0,7)$ 等，PML 边界的处理方法与计算电磁场值的方法类似。以计算 E_x 为例，基于 SSE 指令集的部分实现伪代码如下，基于 AVX 指令集的实现代码与 SSE 基本相同，只是定义操作数时不再用 _m128，而是使用 _m256 前缀，最内层循环展开的时候不用 k += 4，而是用 k += 8。

第一步：包含头文件，定义更新电场的宏，

```
#include "xmmintrin.h"
#define e_update_electric(co0,e,co1,h1,h1min,co2,h2,h2min,xmm) do {\
xmm = _mm_add_ps(_mm_mul_ps(co0, e),_mm_sub_ps(_mm_mul_ps(co1, _mm_sub_ps(h1, h1min)),_mm_mul_ps(co2, _mm_sub_ps(h2, h2min))));\
```

} while (0)

第二步：定义计算所需的 _m128 类型的变量。

_m128 xmm0;

_m128 *vex;

_m128 *vhy, vhy_min_ex, *vhz, *vhz_min_ex;

_m128 vpEj_Coeff, vpEk_Coeff;

第三步：加载计算所需的系数到寄存器。

_m128 vCA = _mm_load1_ps(&CA);

第四步：开始循环计算电磁场值。

```
for (i = thread_min; i <= thread_max; i ++)
{
    for( j = jmin; j < jmax; j++)
    {
        vpEj_Coeff = _mm_load1_ps(&pEj_Coeff[j]);
        vex = (__m128 *)ex[i][j];
        vhy = (__m128 *)hy[i][j];
        vhz = (__m128 *)hz[i][j];
        vhz_min_ex = (__m128 *)hz[i][j-1];
```

第五步：指定最内层循环的起始范围。

```
        k = vk = 0;
```

第六步：针对一些个别数据需要特殊处理。

```
        vhy_min_ex = _mm_setr_ps( 0.0f, hy[i][j][0], hy[i][j][1], hy[i][j][2]);
        vpEk_Coeff = _mm_load_ps(&pEk_Coeff[k]);
```

第七步：通过展开最内层循环实现加速。

```
        while( vk < vkmax )
        {
```

第八步：计算电场值。

```
            e_update_electric(vCA, vex[vk], vmaterial_array[vk],vpEj_Coeff, vhz[vk], vhz_min_ex[vk], vpEk_Coeff, vhy[vk], vhy_min_ex, xmm0);
            vex[vk] = xmm0;
```

第九步：移动数组指针来更新循环条件，并加载下一次循环的相关系数，为下一次循环做准备。

```
            k += 4;
            vk++;
            vhy_min_ex = _mm_loadu_ps(&hy[i][j][k-1]);
            vpEk_Coeff = _mm_load_ps(&pEk_Coeff[k]);
        }
```

第十步：循环展开后，单独计算最后一次循环。

```
    e_update_electric(vCA, vex[vk], vpEj_Coeff, vhz[vk], vhz_min_ex[vk], vpEk_Coeff,
vhy[vk], vhy_min_ex, xmm0);
    xmm0 = _mm_and_ps(xmm0, *pMask);
    vex[vk] = xmm0;
    }
}
```

4.7.2　SSE 伪代码解释说明

（1）SSE 指令集的所有向量类型和原语函数均已定义在指定的头文件里，因此在使用 SSE 指令集前，应该首先把对应的头文件包含到程序的开始位置。另外，从第 2 章对 FDTD 相关内容的研究可知，电场的三个分量 E_x，E_y，E_z 的迭代公式在形式上是完全相同的，磁场的三个分量 H_x，H_y，H_z 迭代公式也一样。因此，为了方便起见，把更新电场和磁场的 SSE 实现代码分别定义成两个宏，这么做的原因是在发生函数调用时，程序执行的顺序会转移到被调用函数所在的内存地址，函数的程序内容执行完毕后，再返回到调用此函数的位置，这种转移操作要求在转移前保存现场并记忆执行的地址，转移回来后还要恢复现场，并按原来记忆的地址继续执行，导致在函数调用时会有一定的时间和空间方面的开销，于是影响程序效率，而宏只是在预处理时把代码宏展开，不需要额外的空间和时间方面的开销，所以调用一个宏比调用一个函数更有效率。本书的三级并行程序都是这么做的，就是尽可能地用宏来代替函数。例如，在更新电场时，假定计算区域是自由空间，即没有任何物理介质存在，则递推公式（2-13）可表示为

$$
\begin{aligned}
ex[i][j][k] = {} & CA * ex[i][j][k] + \\
& (pEj\_Coeff[j] * (hz[i][j][k] - hz[i][j-1][k]) - \\
& pEk\_Coeff[k] * (hy[i][j][k] - hy[i][j][k-1]))
\end{aligned}
$$

其中，$CA = 1$，$pEj\_coeff(m) = \dfrac{CB}{K_y \Delta y}$，$pEk\_coeff(m) = \dfrac{CB}{K_z \Delta z}$，$CB = \dfrac{\Delta t}{\varepsilon_0}$。

而前面定义的宏 _update_electric（co0, e, co1, h1, h1min, co2, h2, h2min, xmm）就是为了用 SSE 指令集来实现电场的计算，在使用 SSE 指令集计算时，可以按照表 4-2 的对应关系进行宏替换。其中，xmm0 为一个临时的 _m128 类型的变量，用来存放计算得到的场值，然后把值赋给 $ex[i][j][k]$，宏定义中的 SSE 指令集计算流程与 FDTD 迭代公式中的普通 C 语言计算对应关系如图 4-9 所示。

表 4-2　宏定义参数与电场计算公式变量的对应关系

宏中定义的参数	迭代公式中的变量
co0	CA
e	$ex[i][j][k]$
co1	$pEj\_Coeff[j]$
h1	$hz[i][j][k]$

续表

宏中定义的参数	迭代公式中的变量
h1min	$hz[i][j-1][k]$
co2	$pEk\_Coeff[k]$
h2	$hy[i][j][k]$
h2min	$hy[i][j][k-1]$
xmm	xmm0

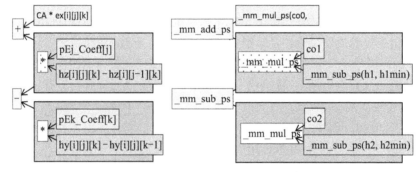

图 4-9　SSE 指令集与 C 语言计算对照图

图 4-9 中用到了 SSE 的加法、减法和乘法操作,指令分别为 _mm_add_ps、_mm_sub_ps 和 _mm_mul_ps,三个指令都是"ps"后缀的指令,表明一次对 4 组紧缩浮点数进行操作;而 C 语言的加法、减法和乘法操作,一次仅对一组浮点数操作,从而 SSE 指令集相对于普通 C 代码的计算速度在理论上理想加速比为 4。

(2)当计算区域中有各种不同类型的介质材料存在时,电磁场的递推仍参考 2.3 节给出的公式(2-11)、(2-12)和(2-13)等。对于介质材料的处理,当介质类别数目相对于计算区域的网格数来讲可以忽略时,采用第 2 章介绍的处理介质系数的方法。例如,假设计算区域网格数为 nx×ny×nz,计算区域有 6 种不同的各向同性电介质,这 6 种介质分别赋予编号 0,1,2,3,4,5,先定义两个一维数组来存放由这些介质计算出来的电场递推系数,然后定义标明三维计算空间各处材料属性的短整型三维数组实现伪代码如下:

float CA[6] = {ca1, ca2, ca3, ca4, ca5, ca6};

float CB[6] = {cb1, cb2, cb3, cb4, cb5, cb6};

_declspec(align(16)) short material[nx][ny][nz];

定义好 material 数组后,根据计算区域内各个网格点的材料不同,用各网格点对应材料的编号来初始化 material 数组的各元素,如果 material[3][8][4] = 1,说明网格(3,8,4)存在介质 1,如果 material[5][2][9] = 0,说明网格(5,2,9)存在介质 0 等,这么处理的结果一方面可以很方便地处理计算区域的介质,另一方面也在很大程度上节省了内存的消耗,因为如果 material 定义为 float 类型的数组,不用介质编号而是直接用介质计算得到的系数值,即 ca1,ca2 等来初始化,那么 float 类型的 material 数组要比 short 类型的 material 数组多占用很多内存,造成不必要的资源浪费。在计算区域加入介质材料后,伪代码的第一步定义的更新电场的宏也需要加入对介质系数的运算步骤,利用 _mm_mul_ps 指令可以很容易地实现,这里不再赘述。同时,在电场的迭代过程中也需要加入对介质的处理,这里可以在第八步计算电场值的前边加入对介质材料的判断和提取以及介质系数的加载,这里以材料系数 CA[m] 的处理为例,CB[m] 的处理是同理的,实现的伪代码如下:

```
// 第八步最开始添加下面几行语句
int id0 = material[i][j][k];
int id1 = material[i][j][k+1];
int id2 = material[i][j][k+2];
int id3 = material[i][j][k+3];
_m128 vCA = _mm_load1_ps(&CA[id0],&CA[id1],&CA[id2],&CA[id3]);
```

(3)SSE 指令集的操作数应该是紧缩类型的由 4 个浮点数构成的一个 _m128 类型的数据,而第 2 章的电磁场迭代公式中的数组都属于浮点类型的指针,因此需要进行数据类型的转换,例如要把三维数组电场 E_x 转换成 _m128 指针类型的数据,需要进行强制类型转换,通过下面的语句实现:

```
_m128 *vex = (_m128 *)ex[i][j];
```

经过这样的转换后,vex 数组和 ex[i][j] 数组的元素对应关系见表 4-3。

表 4-3 vex 数组与 ex[i][j] 数组各元素的对应关系

ex[i][j]	vex
ex[i][j][0], ex[i][j][1], ex[i][j][2], ex[i][j][3]	vex[0]
ex[i][j][4], ex[i][j][5], ex[i][j][6], ex[i][j][7]	vex[1]
ex[i][j][8], ex[i][j][9], ex[i][j][10], ex[i][j][11]	vex[2]
……	……

同样,对于一维数组系数 pEj_Coeff[j],也需要进行特别处理,即

```
_m128 vpEj_Coeff = _mm_load1_ps(&pEj_Coeff[j]);
```

其中,用到了 SSE 指令集中的加载功能指令 _m128 _mm_load1_ps,此指令的格式为 _m128 _mm_load1_ps(float * p),利用此指令可以把 float 类型的变量 p 加载到 128 位寄存器中,并拷贝到寄存器的所有四个字中,如图 4-10 所示。对于系数 CA 也可以使用同样的操作来完成类型的转换。

R0	R1	R2	R3
*p	*p	*p	*p

图 4-10 _mm_load1_ps 的功能示意图

(4)在完成变量和参数的准备工作后,程序开始进行电磁场的迭代循环,SSE 指令集的循环迭代的最外层循环是从 4.6 节线程级并行之后得到的循环任务块,即 for(i = thread_min; i <= thread_max; i ++),可以看出,与基于 MPI 和 OpenMP 的第一级和第二级并行结

构不同,第三级并行结构并没有改变最外层循环,后边的分析可以说明,基于 SSE 或 AVX
指令集的第三级并行结构是对最内层循环的循环展开。

(5)从上面的实现伪代码中可以看出,最内层循环,即 while(vk < vkmax),这里 k 和
vk 的值都是从零开始的,即沿着 z 轴方向所有的网格都进行计算,这与前边 MPI 和 Open-
MP 并行程序有所区别,前边的第一级、第二级并行算法中,k 都是从 kmin 开始的,而且一般
情况下,如果选用 CPML 吸收边界截断计算域,那么 CPML 外层还要加一层 PEC 边界,这
样一般情况下 kmin 从 1 开始,这种情况下对内存的访问永远都是非对齐访问,如图 4-11 所
示,虚线表示非对齐的内存访问,实线表示对齐的内存访问,在 SSE 中,非对齐的内存访问
会大大降低程序的性能,因此为了满足 SSE 指令集对数据存取需要"内存对齐"这一特点,
选择 k 从 0 开始计算。

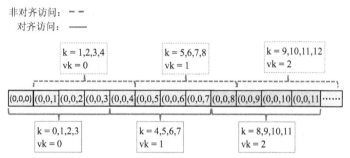

图 4-11　对齐与非对齐内存访问示意图

(6)从公式(2-13)可以看出,在计算电场 ex[i][j][k] 时,需要 hz[i][j][k], hz[i][j-1][k],
hy[i][j][k] 和 hy[i][j][k-1] 几个磁场值,如果 k 从 0 开始,那么 hy[i][j][k-1] 就是元素
hy[i][j][-1],即下标为 -1,这在 C 语言中是不允许的,而且这种情况在计算 ey[i][j][k] 时也会
出现。针对这种情况,采用了"补零"的方法来处理,即在加载变量到寄存器的时候,碰到需
要加载下标为 -1 的情况,由于这个变量不存在,而且数组下标访问越界,就给这个不存在的
变量赋一个"0"值,即

　　// k = 0 时

　　vhy = _mm_setr_ps(0.0f, hy[i][j][0], hy[i][j][1], hy[i][j][2]);

　　// k > 0 时

　　vhy = _mm_loadu_ps(&hy[i][j][k-1]);

(7)在第一级和第二级并行算法中,最内层循环都是 for(k = kmin; k < kmax; k++),
而在基于 SSE 指令集的第三级并行算法中,最内层循环变成了 while(vk < vkmax),其中
vkmax = kmax >> 2,假设 kmax = 24,经过这样的移位运算后, vkmax = kmax / 4 = 6,即在 C
语言中最内层循环假设是 24,那么用 SSE 指令集展开之后,最内层循环变为原来循环次数
的 1/4,即 6 次,SSE 指令集正是通过数据并行对循环展开来实现加速的。另外,这里需要特
别说明的是,当 vkmax = 6 时,由最内层循环条件 while(vk < vkmax)可知, vk 的值在等于
0, 1, 2, 3, 4, 5 时,最内层循环正常进行,当 vk = vkmax = 6 时,最内层循环条件不满足 vk <
vkmax,循环结束,这时与 vk = 6 对应的最后一次循环中还有等待计算的电磁场没有计算出
来,需要通过第十步,即单独完成最后一次循环,这样做的目的有两个:第一个就是第十步完

成的最后一次循环比较特殊,由于 SIMD 一次计算 4 组浮点数的特点,最后一次循环会导致部分冗余计算,所以单独拿出来处理,这在(8)中有更详细的说明;第二个就是对这个较为特殊的循环分支应用循环展开优化技术进行优化,从而可以减少跳转频率,部分地消除分支预测开销。

(8)在编写 SIMD 程序时,还需要考虑这样一个问题,即冗余计算的处理。由于在 z 轴方向对所有的网格都进行计算,而实际的场迭代则不需要对所有的网格都进行计算,如果选择 6 层的 PML 层作为吸收边界条件,那么在更新 z 轴方向的 PML 边界时,最内层循环用 C 语言表示为 for(k = 1; k <=6; k++),这个时候如果用 SSE 指令集编写程序,第一次循环加载下标 k = 0,1,2,3 的数组元素,第二次循环加载下标 k = 4,5,6,7 的元素,从而有 2 个网格即 k = 0 和 k = 7 做了不必要的计算,这时用 mask 将多计算的两个网格的值过滤掉,以免多做的计算更新电磁场值,以过滤 k = 7 网格的值为例,实现伪代码如下:

第一步:定义 mask 数组。

_declspec(align(16)) int mask[4] = {0x0, 0x0, 0x0, 0x0};

第二步:将 mask 数组的值按照要求将要保留迭代结果的地方设置为 0xFFFFFFFF。

mask[i] = 0xFFFFFFFF

第三步:将 int 类型的 mask 数组转换为 SSE 指令集操作数类型的数组。

_m128 *pMask = (_m128 *)&mask;

第四步:电磁场递推计算。

第五步:将多做计算的网格与 mask 做逻辑运算。

vex[vk] = _mm_and_ps(vex[vk], *pMask);

这样处理,既能保证 SSE 指令集的流畅计算,又能避免不必要的场值更新,如图 4-12 所示。

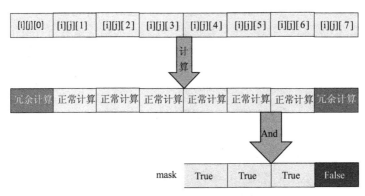

图 4-12 mask 过滤冗余计算数据

从上面的过程可以看出,该三级混合并行算法是在传统两级混合并行算法的基础上,把电磁场递推的最内层循环展开,使循环次数减少为原来的四分之一或者八分之一,从而实现对 FDTD 算法的加速。这种方法非常简洁,且简单易用,不需要改变原来基于 MPI 和 OpenMP 的两级混合并行程序框架,而只是把电磁场递推的最内层 C/C++ 实现代码用 SSE 指令集对应的 Intrinsics 实现即可,程序的可读性也很好,更重要的是,基于 SSE 或者 AVX 指令集的第三级数据并行没有进程间的通信开销,不会降低原来的两级混合并行算法的并行效率,也不会影响其可扩展性。因为 Intel 和 AMD 两大类 CPU 都加入了对 SSE 和 AVX 指令集的支持,所以基于 SSE 和 AVX 指令集的并行程序,其可移植性也非常好,而且只是充分利用了普通 CPU 自带的 VALU 单元来加速 FDTD 仿真,无须任何额外的硬件投资,可以说是一种经济、高效、方便、简洁的硬件加速方法。

(9)为了优化缓存的命中率,充分反复利用读入缓存的数据,本书将电磁场的递推过程与对 PML 边界处电磁场值的处理融合在一起进行,即一边在整个计算区域更新电磁场,一边判断当前计算的区域是否处于 PML 层中,如果是,则立刻更新边界,如果不是,则继续更新电磁场。这样的优化方法,可以重复利用读入缓存的数据,减少 CPU 访问缓存的数目。例如,以计算电场 E_x 为例,在计算电场 ex[i][j][k] 时,需要 hz[i][j][k], hz[i][j-1][k], hy[i][j][k] 和 hy[i][j][k-1] 几个磁场值,而由 2.3.3 节给出的 CPML 递推公式(2-14)等可知,计算 pusai_exy_Z_MIN[i][j][k] 同样需要 hy[i][j][k] 和 hy[i][j][k-1] 两个磁场值,在计算 ex[i][j][k] 时,判断当前计算的网格是否在 CPML 区域内,如果是,则加入对 CPML 边界的计算,实现 CPU 读 hy[i][j][k] 和 hy[i][j][k-1] 一次,而计算时对于这两个数据使用了两次,这也是对缓存访问的一个优化技术,即改变算法的结构,优化缓存的重复使用率。以计算 y 轴方向的 CPML 区域为例,实现的伪代码如下:

```
for ( i = imin; i <= imax; i ++)
{
    for( j = jmin; j <= jmax; j++)
    {
        while (vk < vkmax)
        {
            // calculate the electric or magnetic field
        }
        if ( the value of   j belongs to CPML domain)
        {
        // add the PML boundary
        }
    }
}
```

前面介绍的都是三级并行化的代码实现以及很多细节问题,这里对三级并行算法的宏观整体结构也进行了比较直观的描述,主程序流程图如图 4-13 所示,其中时间步循环部分的计算量和内存的访问量是最大的,因此基于 MPI、OpenMP 和 SSE 指令集的三级并行加速算法也主要是针对这一部分进行加速,记录的仿真时间也是集中在这一部分,基于 MPI、OpenMP 和 SSE 指令集的三级并行算法的框架图如图 4-14 所示。在场值迭代开始时,先将计算任务平均分配给 PC 集群中的每个计算机节点,实现进程级的第一级并行结构;在每个计算机节点上,又生成多个线程,计算机节点上的计算任务平均分配给各个线程,实现线程级的第二级并行结构;每个线程又充分利用其中的 VALU 矢量单元,把本线程的计算任务再分配给 VALU 分成四路并行执行,实现指令级的 SIMD 第三级并行结构。

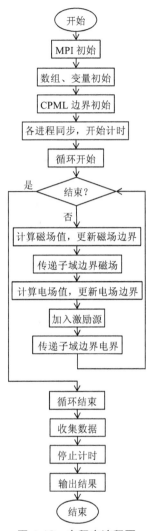

图 4-13　主程序流程图

因为基于 SSE 指令集的第三级并行算法实现的是指令级的 SIMD 并行运算,因此不存在 MPI 的进程通信开销大、并行效率较低、并行程序编写较复杂等问题,也不存在 OpenMP 的死锁、调度开销等问题。同时,基于 SSE 指令集的并行加速技术具有很多优点,如其并行效率非常高,当程序内存中的数据对齐且具有连续的存放和数据访问时,程序的并行效率可高达 100%,具体程序及加速效果可参见 Intel 网站上用 SSE 和 AVX 指令集加速 C++ 编写的 Mandelbrot 代码的例子;再如,用 SSE 编写的代码可移植性非常好,因为当前能遇到的 Intel 的处理器和 AMD 的比较新的处理器都加入了对 SSE 指令集的支持,并且 SSE 指令集程序具有很好的可扩展性,其并行效率不会因为进程和线程数目的增多而降低,而且也不会降低基于 MPI 和 OpenMP 的两级并行程序的并行效率。还有一个非常重要的优点就是,使用 SSE 指令集加速程序只是充分开发现有硬件的计算能力,无须额外购买任何硬件就能成倍地提升程序的运行速度,属于经济型的加速技术,这对于很多工厂、小型企业级的应用是一个不错的选择。

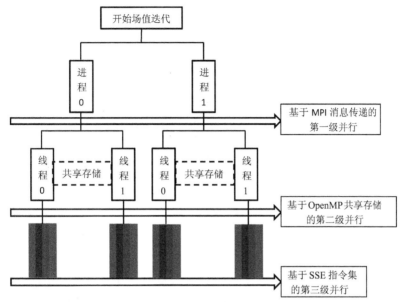

图 4-14　基于 MPI、OpenMP 和 SSE 的三级并行结构框架

　　本章主要介绍的是基于 SSE 指令集的三级并行算法的实现和优化,至于 AVX 指令集的加速实现并没有介绍,这是因为基于 AVX 指令集的三级并行 FDTD 算法和程序与基于 SSE 指令集的三级并行算法是大致相同的,只是指令部分有所改动,即从 _mm128 改成了 _mm256 的前缀,计算由一次算 4 组浮点数到一次算 8 组浮点数,再有就是前面用到的加载数据到寄存器的指令在 SSE 中用 _m128 vCA = _mm_load1_ps(&CA)来实现,而在 AVX 中用 _m128 vCA = _mm256_broadcast_ss(&CA)来实现,其他的关于 AVX 和 SSE 的差异在 3.5 节进行了交代,这里不再赘述。

4.8　三级并行程序的优化

　　从本章三级并行 FDTD 算法的程序实现的研究中可以看出,由于 FDTD 算法待处理的数据量比较大,占用的内存比较多,而且在处理 CPML 吸收边界条件时,分支预测也会花费较多的时间,同时 SIMD 的并行计算要求数据在内存是对齐的,非对齐的访问轻者导致程序性能下降,严重的时候会导致程序错误,所以对程序的优化主要从以下几个方面进行:数组内存分配和数据对齐的优化、缓存访问的优化、循环展开的优化以及分支预测的优化。

　　对数组内存分配和数据对齐的优化在 3.3 节讨论得比较详细,这里不再赘述;对缓存访问的优化主要体现在 4.7.2 的(9)中,在一些参考文献中,电磁场的计算和吸收边界的处理是分开进行的,即先完成电磁场的迭代,然后单独处理吸收边界,本书根据电磁场迭代公式和 CPML 边界计算公式的特点以及三级并行 FDTD 程序数据在缓存中的存放情况,提出了将电磁场的计算与吸收边界的处理融合在一起的方法,提高了缓存中数据的重复使用率,减少了 CPU 访问内存数据的次数,从而减少了缓存不命中导致的延时,优化了程序的性能,这种方法可以在一定程度上减少程序的运行时间;循环展开的优化主要体现在 4.7.2 的(7)

中。本节主要讨论对分支预测的优化。

分支预测优化对性能影响非常大。通过提高分支预测能力,可以很大限度地提高代码的性能,这里只讨论几种最常用的分支预测优化技术:第一种,也是最重要的一点,就是让代码和数据在不同的页上;第二种,就是尽可能地消除分支预测,从而减少分支预测错误造成的延时,也减少对用于目标地址推测的分支目标缓冲的需求,节省 CPU 资源;第三种,不同架构的处理器有不同的静态分支预测算法,针对程序运行的处理器架构,代码的安排要与其静态分支预测算法一致;第四种,尽可能地让将被执行的代码跟在分支后面,一般不要将数据跟在分支后面等。本书从第二种和第四种优化技术入手,对三级并行 FDTD 程序进行了优化。

(1)本书的 FDTD 并行程序中,有大量的 if 语句和 for 循环语句构成的分支语句,合理地安排这些分支结构,将会使程序的性能有很大的改善,例如在 4.7.1 节给出的电磁场递推的伪代码中,第二步和第三步是对循环中所需变量的一些处理和定义,如果全部放到最外层循环中,将会对程序的性能产生一定的影响,因此都把它们放到循环的外边,即让将被执行的代码而不是一大堆数据变量跟在分支后面。

(2)虽然说对分支预测的优化最有效的处理就是消除分支,从而也就消除了分支预测错误,但是鉴于种种原因,有些分支是没有办法消除的,那就要合理安排代码,尽量减少分支预测的次数,从而减少分支预测错误带来的延时惩罚。例如,在计算 CPML 边界时,需要判断当前网格是否在 CPML 边界区域,如果是,则迭代公式中加入 Ψ 项,如果不是,则按照正常计算区域进行迭代。以计算 y 轴方向 CPML 区域电磁场为例,假设 y 轴方向的网格有 32个,CPML 有 6 层,结构如图 4-15 所示,实现的伪代码如下:

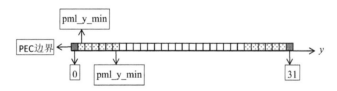

图 4-15 y 轴方向 CPML 边界示意图

```
for (i = thread_min; i <= thread_max; i ++)
{
    for( j = jmin; j < jmax; j++)
    {
        while( vk < vkmax )
        {
            // 计算电磁场值
        }
        if ( j >= pml_y_min && j <= pml_y_max )
        {
            // 计算 Ψ 值
        }
    }
}
```

其中的分支语句 if（j >= pml_y_min && j <= pml_y_max）无法消除,那么就只能优化它,优化的目标就是尽可能地减少分支预测次数。这种判断语句的实现有两种方法,伪代码中的是第一种,第二种是将两个条件交换位置,即 if（j <= pml_y_max && j >= pml_y_min）。首先分析第一种方法产生的判断次数。当执行到此分支语句时,因为有两个条件做"与"运算,因此 CPU 会先判断第一个条件,如果第一个条件为真,则继续判断第二个条件,如果第一个条件为假,则不再判断第二个条件,即先判断 j 值是否大于或等于 pml_y_min,因为 j 的取值范围为从 0 到 31,而 pml_y_min = 1,第一个条件成立的次数为 31 次,所以需要对第二个条件进行 31 次判断。再分析第二种方法产生的判断次数。同样,CPU 先判断第一个条件,即判断当前 j 的值是否小于 pml_y_max,因为 j 的取值范围为从 0 到 31,而 pml_y_max = 6,所以第一个条件成立的次数为 7 次,所以需要对第二个条件进行 7 次判断。那么,两种条件分支的实现方法的优劣就不言而喻了,因此程序中的 if 分支语句都采用这种方法来进行优化。对于 Intel 的部分处理器来说,所有的分支预测,哪怕是正确的分支预测都会对处理器产生一些负面的影响,因此对于程序中不能消除的分支,则要尽可能地减少其判断发生的次数,从而减少 CPU 的分支预测的判断和误判,减少整个程序的运行时间,这对于后边 SIMD 的优化有帮助。

另外,使用指令集编写程序时还有一些问题需要注意,例如在使用 SSE 或 AVX 指令集编写程序时,尽量避免 SSE 指令集和 AVX 指令集的混搭使用。在用 SSE 或 AVX 指令编写程序时,256 位 AVX 指令使用的是 YMM 寄存器,128 位 AVX 指令使用的是 YMM 寄存器的低 128 位,YMM 寄存器是对 XMM 寄存器的一个扩展（详见 3.5 节）,而 SSE 指令集使用的是 XMM 寄存器,如果从一种指令迁移到另一种指令,例如从 AVX 迁移到 SSE,由于 SSE 指令不能识别 YMM 寄存器,迁移时硬件需要存储 YMM 寄存器的高 128 位的内容,当从 SSE 再迁移回到 AVX 时,硬件再把存储的高 128 位的内容恢复过来,这种硬件的存储和恢复操作可能会导致几十个时钟周期的延迟,造成程序性能下降,因此要尽量避免不同指令间的迁移。如果程序中不可避免地要有迁移,可以使用指令 _mm256_zeroupper（）把 YMM 寄存器中的高 128 位清零,此时硬件不会再存储高 128 位的内容,因此不会引起性能的下降。本书开发了基于 SSE 和基于 AVX 的两个版本的三级并行 FDTD 程序,在程序的编写过程中,坚持避免指令间迁移的原则。再如,对指令的执行顺序进行细致调整,避免执行指令的阻塞。

4.9　三级并行 FDTD 算法的数值算例验证

4.9.1　SSE 指令集加速效果验证

4.9.1.1　单机加速实验

为了验证上述 FDTD 三级数据并行算法的加速效率,本书首先在单个计算机上对一个典型的理想电磁散射模型进行测试,分别计算了三维空间中 40 × 40 × 40、80 × 80 × 80

和 $120 \times 120 \times 120$ 个均匀网格的真空中电磁波的传播,模型的具体设置如下。

（1）激励源。激励源选择高斯脉冲电压源,在计算过程中不参与电场的迭代,即硬源,放置在立方体计算区域的正中心,即点源,高斯脉冲 $pulse = \mathrm{e}^{-0.5\left(\frac{n-20}{6}\right)^2}$, n 为时间步。

（2）初始值。电磁场初始值均设为 0。

（3）边界条件。采用 CPML 吸收边界,层数设为 6 层。

（4）网格划分。均匀网格, $\Delta x = \Delta y = \Delta z = 0.000\,5\ \mathrm{m}$。

（5）Courant 稳定条件。 $\Delta t = 0.995\dfrac{1}{c\sqrt{\dfrac{1}{\Delta x^2}+\dfrac{1}{\Delta y^2}+\dfrac{1}{\Delta z^2}}}$。

（6）时间步设置为 400。

数值实验平台为 PC 机,CPU 为 Intel 的 T2300（双核）,1.66 GHz,Windows XP 操作系统。图 4-16 所示为 $80 \times 80 \times 80$ 网格时 60 时间步的点激励源所在 *x-y* 平面的电场分布,数值实验结果见表 4-4。为了减少计算机中安装的各种应用程序软件对本书仿真时间准确性的影响,在所有程序运行过程中都将计算机与互联网断开,关闭杀毒软件和防火墙,使测试结果比较准确,本书给出的所有程序的运行时间都是在对同一个问题反复计算了 10 次后,把记录下来的 10 个运行时间求平均值得到的,计算时间单位为 s（秒）。其中

$$加速比 = \frac{计算时间_{\mathrm{MPI+OpenMP}}}{计算时间_{\mathrm{MPI+OpenMP+SSE}}}$$

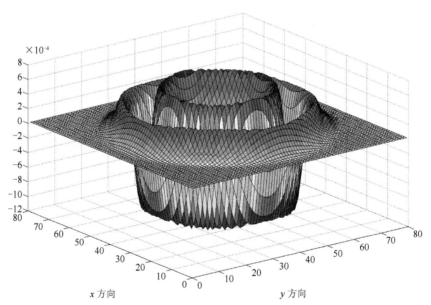

图 4-16　60 时间步点激励源所在 *x-y* 平面的电场分布

表 4-4　T2300 PC 上 FDTD 并行程序运行时间与加速比

网格数 /M（兆）	并行代码类型	计算时间 /s	加速比
0.064	MPI+OpenMP	6.09	2.50
	MPI+OpenMP+SSE	2.44	
0.512	MPI+OpenMP	37.98	2.55
	MPI+OpenMP+SSE	14.88	
1.728	MPI+OpenMP	116.89	2.62
	MPI+OpenMP+SSE	44.54	

从表 4-4 可以看出，使用 SSE 指令集对基于 MPI 和 OpenMP 的两级混合并行代码进行加速后，FDTD 仿真速度可以成倍加快，而且随着网格数目的增大，加速比也呈现增大趋势，这是因为随着网格数目的增加，沿着 z 轴方向的网格数也增多，使 SSE 指令集一次计算 4 个数的功能能够得到充分的发挥，SIMD 的数据并行优势随着网格数目的增大，表现得更加显著。

4.9.1.2　PC 集群实验验证

对上述理想电磁模型的 FDTD 并行程序在搭建的 PC 集群上进行加速效果的测试。其中，激励源仍为高斯脉冲源，放置在立方体计算区域的正中心，电磁场初始值均设为 0，CPML 吸收边界为 6 层。实验平台是配置完全相同的 PC 计算机搭建的 PC 集群，CPU 均为 Intel 的 E7500（双核），2.93 GHz，Windows 7 普通家庭版操作系统，时间步为 600，其中计算时间单位为 s（秒）。加速比的定义与表 4-4 相同。分别计算了 40 × 40 × 40、80 × 80 × 80、120 × 120 × 120、160 × 160 × 160 和 200 × 200 × 200 个均匀网格的真空中电磁波的传播，仿真时间在表 4-5 中给出。

表 4-5　E7500 PC 集群上 FDTD 并行程序运行时间与加速比

网格数 /M（兆）	并行代码类型	计算时间 /s	加速比
0.064	MPI+OpenMP	3.59	1.65
	MPI+OpenMP+SSE	2.18	
0.512	MPI+OpenMP	18.21	1.93
	MPI+OpenMP+SSE	9.45	
1.728	MPI+OpenMP	50.27	2.17
	MPI+OpenMP+SSE	23.20	
4.096	MPI+OpenMP	110.89	2.36
	MPI+OpenMP+SSE	46.92	
8	MPI+OpenMP	196.86	2.44
	MPI+OpenMP+SSE	80.84	

从表 4-4 和表 4-5 可以看出,在相同的网格数目的情况下,两种硬件环境下 SSE 指令集对基于 MPI 和 OpenMP 并行代码的加速比有所不同。例如,网格数为 0.064 M 时,当在单个 PC 上测试时,加速比为 2.50,而在 PC 集群上测试的加速比为 1.65,这是因为当网格数目非常小时,MPI 的通信开销在仿真时间中占了很大的比例,而计算时间相对来说所占比例比较小,SSE 指令集的加速效果被通信开销掩盖掉。当网格数增加为 0.512 M 和 1.728 M时,PC 单机和集群上的加速比分别为 2.55 和 2.62、1.93 和 2.17,即集群上的加速比总是小于单机的加速比,这是因为单机在进行 MPI 区域分割后,进程通信是虚拟的,只在本机上通信,速度比较快,而在 PC 集群上时,进程间的通信是在局域网内进行的,通信开销比较大,在很大程度上增加了仿真时间,降低了 SSE 指令集的加速成果。两种测试平台测试结果相同的是,随着网格数目的增大,加速比都呈现增大趋势。

另外,由于这两种硬件平台的 CPU 都不支持 AVX 指令集,因此理想电磁模型实验中没有对基于 AVX 指令集加速的验证。

4.9.2　AVX 指令集加速效果验证

Intel 英特尔公司将早期的 SIMD 指令(MMX 指令和 Intel 流媒体 SIMD 扩展)扩展到高级矢量扩展(AVX)。128 位的 SSE SIMD 寄存器已经被扩展到 256 位。Intel 的 AVX 旨在支持未来的 512 位或 1 024 位。

为了探讨使用 SSE 和 AVX 指令加速 FDTD 方法的效果,开发了三种类型的代码:使用C 语言开发的代码,使用 SSE 指令加速的代码,以及使用 AVX 指令加速的代码。在 Intel i5 Sandy Bridge 上进行了 FDTD 算法的性能研究。实验结果表明,使用 SSE 和 AVX 指令可以提高 FDTD 算法的性能。为了展示使用 SSE 和 AVX 指令集的加速效率,本书使用 C 语言开发的 FDTD 代码,并使用 SSE 和 AVX 指令集进行了增强,以模拟只包含一个点源和在一个表面上的场分布输出的简单例子。计算域分别分为 $40\times40\times40$、$80\times80\times80$、$120\times120\times120$ 和 $160\times160\times160$ 个均匀单元,并通过 6 层 CPML 和 PEC 边界条件进行截断。激励脉冲采用纯高斯脉冲,激励源位于计算域的中心,如图 4-4 所示。数值实验在一台搭载 Intel Core i5 CPU 和 Windows 7 操作系统的个人计算机上进行。

表 4-6 给出了这个理想电磁示例的计算时间。从表 4-6 可以看出,SSE 和 AVX 指令可以在一定程度上缩短 FDTD 算法的仿真时间。当单元数相同时,使用 PEC 边界条件的代码比使用 PML 边界条件的代码花费更少的时间,这是因为 PML 边界条件比 PEC 边界条件需要更多的额外处理。

表 4-6　三种代码的计算时间

网格数 /M(兆)	代码类型	计算时间 /s	
		PEC 边界条件	PML 边界条件
0.064	C	0.773 8	1.379 0
	SSE	0.206 3	0.393 5
	AVX	0.165 8	0.307 7

网格数 /M（兆）	代码类型	计算时间 /s	
		PEC 边界条件	PML 边界条件
0.512	C	8.045 2	10.771 9
	SSE	1.901 4	2.731 1
	AVX	1.546 9	2.189 5
1.728	C	27.925 5	34.397 7
	SSE	6.491 9	8.385 7
	AVX	5.230 2	6.741 2
4.096	C	68.765 4	81.893 6
	SSE	15.698 2	19.185 5
	AVX	12.855 5	15.689 0

　　为了更好地描述这些结果，将计算时间和性能改善绘制成图 4-17、图 4-18 和图 4-19。图 4-17 和图 4-18 展示了使用 C 语言开发的代码、使用 SSE 和 AVX 指令加速、使用 PEC 边界条件和使用 PML 边界条件的仿真计算时间。从图 4-17 和图 4-18 可以看出，随着单元数的增加，计算时间呈线性增长趋势。图 4-19 给出了基于 SSE 和 AVX 的代码的加速比，加速比是两种代码计算时间之间的比率。

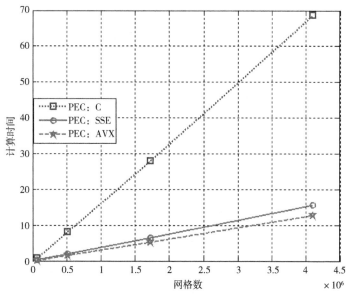

图 4-17　使用 PEC 边界条件的计算时间

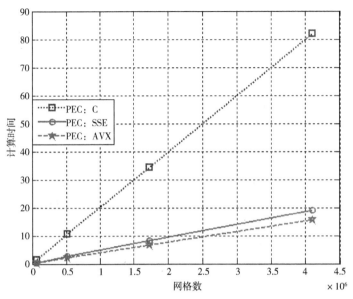

图 4-18　使用 PML 边界条件的计算时间

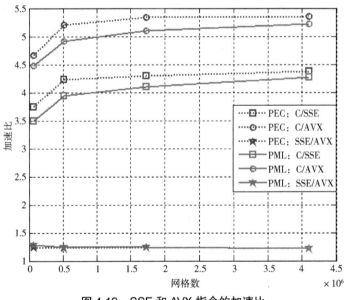

图 4-19　SSE 和 AVX 指令的加速比

　　本节比较了 SSE 和 AVX 指令集的加速效果,并在 Intel Core i5 Sandy Bridge 平台上针对理想电磁问题进行了实现。结果表明,基于 SSE 和 AVX 指令的代码可以提高计算效率,无须额外的硬件投资,并为电磁模拟提供了高效、经济的技术支持。进一步的研究工作将在内存中优化数据结构,进一步提高 AVX 性能,并利用 AVX 加速 FDTD 仿真在工程问题中的应用。

4.9.3　划分单元数目对 SSE 加速效果的影响分析

本节使用 SSE（流 SIMD 扩展）指令来加速三级并行 FDTD 方法。在运行 Windows XP 操作系统的 PC 环境中，基于 C + MPI + SSE 开发了并行 FDTD 代码，其中实现了 3 倍的加速。

4.9.3.1　模型定义

为简单起见，将 EM 模型定义如下：

（1）计算域在自由空间环境中；

（2）激励源为放置在计算域中心的高斯脉冲；

（3）Yee 单元是均匀的；

（4）边界条件是电场值和磁场值被设置为零。

实验使用 SSE 版本的三级 FDTD 代码在普通 PC（Intel T2300，1.66 GHz，4.3 GB 内存带宽）上模拟自由空间中的 EM 传播，计算域分别为 $40 \times 40 \times 40$、$60 \times 60 \times 60$、$80 \times 80 \times 80$、$100 \times 100 \times 100$、$120 \times 120 \times 120$、$140 \times 140 \times 140$ 和 $160 \times 160 \times 160$ 个均匀单元。

4.9.3.2　实验结果

实验数据如表 4-7 和图 4-20 所示，其中加速比是每秒计算两种代码所计算单元数之比。表 4-7 中的所有仿真时间仅包括电场和磁场的计算时间。

表 4-7　实验结果

有 / 无 SSE	时间步	执行时间 /s	每秒兆单元数	加速比
无	160	74.78	8.76	2.93
有		25.55	25.65	
无	320	150.20	8.73	2.99
有		50.31	26.06	
无	480	224.48	8.76	3.00
有		74.82	26.28	
无	960	447.64	8.78	3.01
有		148.61	26.46	

从表 4-7 可以看出，在没有 SSE 的情况下，执行时间分别为 160 个时间步长时为 74.78 s，320 个时间步长时为 150.20 s，480 个时间步长时为 224.48 s，960 个时间步长时为 447.64 s；而使用 SSE 时，执行时间分别缩短至 25.55 s，50.31 s，74.82 s，148.61 s。此外，随着时间步长的增加，加速比趋于稳定。

从图 4-20 可以看出，随着计算域单元数的增加，加速比也随之增加。这是因为当单元数足够大时，可以充分利用 SSE 指令集。

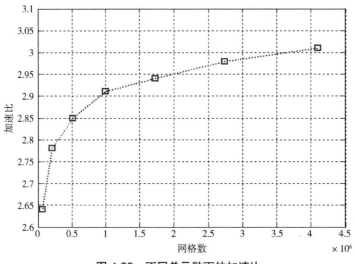

图 4-20　不同单元数下的加速比

在理想情况下,加速比为 4,本次实验的加速比为 3,因此并行 FDTD 代码的性能得到了相当的提高。

4.9.3.3　结论

本节介绍了 SSE 版本的三级 FDTD 代码的实现,并提高了三级 FDTD 方法的性能,认为 SSE 指令集是一个高效且低成本的技术,可以加快计算速度并减少并行 FDTD 方法的执行时间,因为不需要为它投资额外的硬件,只需要重新编写部分 C+MPI 代码即可。

4.10　本章小结

本章的主要研究内容如下。

(1)介绍了本书三级并行 FDTD 程序的开发环境。

(2)针对 SSE 和 AVX 指令集对数据对齐的要求,提出了一种内存分配的方案,即在对齐数据的同时,保证数据在内存中占据连续的存储地址,从而可以一定程度地提高缓存命中率,优化程序的性能。

(3)研究了 CPML 吸收边界的划分以及由于 CPML 区域和普通计算区域计算任务不同导致的可能的域分解中各计算节点负载不平衡的问题及本书的处理方法。

(4)研究了基于 MPI 和 OpenMP 的第一级和第二级并行 FDTD 算法的结构和程序实现,独立开发了两级并行 FDTD 程序,程序中关键部分的实现过程给出了伪代码的描述,并对伪代码进行了详细的解释。

(5)研究了基于 SSE 指令集的第三级并行 FDTD 算法的结构和程序实现,首次提出并实现了利用 AVX 指令集加速 FDTD 算法的新方法,独立开发了基于 SSE 和 AVX 指令集的两个版本的三级并行 FDTD 程序,给出了具体实现的伪代码及详细解释,在 PC 和本书搭建的 PC 集群上对两级和基于 SSE 指令集的并行程序进行了验证,并通过数值实验对两级和三级并行程序的仿真结果进行了对比,验证了三级并行程序的正确性和加速效果。

(6)针对 FDTD 算法及其数据结构的特点,提出了一些优化技术,如数组内存分配和数据对齐的优化、缓存访问的优化、循环展开的优化以及分支预测的优化等,经过优化,程序的性能得到了一定程度的提升。

第 5 章　FDTD 并行算法的应用研究

5.1　天线设计应用

天线是辐射和接收无线电波的一种装置,实现从传输线上的导波与自由空间波的相互转换,从而使信息可以在异地之间进行传输而不需要任何中介结构。携带信息的电磁波的可能频率构成电磁频谱。很长时间以来,时域有限差分法已经成功应用在天线分析和设计领域,最初用于计算结构比较简单的天线,如振子天线、微带天线等,随着并行技术的发展,逐渐应用于分析和研究各种复杂结构的天线和天线阵列等,并行 FDTD 算法应用于天线分析的发展现状研究在第 1 章进行了讨论,本章主要是将 SSE 指令集和 AVX 指令集的两种 FDTD 三级并行加速算法用于天线分析,对两个典型的天线实例,即偶极天线和矩形微带贴片天线进行 FDTD 仿真,并验证加速算法的正确性,得到天线的时域近场分布以及频域特性和辐射特性,通过对天线的计算证明上述加速算法能够在一定程度上成倍地加快仿真速度,节省计算时间。

5.1.1　天线的基本参数

天线的形式很多,按用途分类,有发射天线、接收天线和收发共用天线;按使用范围分类,有通信天线、雷达天线、导航天线、广播天线、电视天线等;按天线的电流分布分类,有行波天线、驻波天线;按使用波段分类,有长波、超长波、中波、短波、超短波天线和微波天线。

用作发射时,天线是一个辐射电磁能的设备。发射天线的作用是将导行波转换为自由空间波,并进行定向辐射。同一天线分别用作发射和接收时,性能参数相同,但含义不同。描述天线性能的主要参数有输入阻抗、回波损耗、反射系数、驻波比等。

5.1.1.1　输入阻抗

为了使天线能获得最多的功率,应使天线与馈线匹配,所以要知道天线的输入阻抗。天线的输入阻抗是天线输入端所呈现的阻抗,是输入端信号电压与信号电流之比,由实部和虚部组成,即

$$Z_{in} = R_{in} + jX_{in} \tag{5-1}$$

式中:R_{in} 表示功率损耗;X_{in} 为输入电抗,表示天线在近场的储存功率。

天线与馈线连接,最佳情形是天线输入阻抗是纯电阻且等于馈线的特性阻抗,此时馈线端没有功率反射,馈线上没有驻波,天线的输入阻抗随频率变化的比较平缓。

5.1.1.2　反射系数、驻波比和回波损耗

衡量天线匹配好坏经常用反射系数、驻波比和回波损耗等参数。这些参数从不同角度反映天线匹配的程度。

假设传输线的特性阻抗为 Z_0，终端阻抗为 Z_t，则反射系数 ρ 可按下式计算：

$$\rho = \frac{Z_t - Z_0}{Z_t + Z_0} \tag{5-2}$$

若终端负载阻抗与传输线特性阻抗不相等，传输线上既有从信号源传向负载的入射波 V^+，也有由负载反射回信号源的反射波 V^-，传输线中的信号就是反射波与入射波的叠加。此合成信号的最大值与最小值之比即为驻波比，用符号 S 表示，即

$$S = \frac{V_{\max}}{V_{\min}} = \frac{V^+ + V^-}{V^+ - V^-} \tag{5-3}$$

当负载阻抗与传输线特性阻抗不一致时，就会产生反射波，入射波经两次反射的波就形成回波，回波会干扰入射波，使传输信号产生畸变。回波损耗定义为反射系数倒数的分贝值，用符号 RL 表示，即

$$RL = 20\lg\left(\frac{1}{\rho}\right) \tag{5-4}$$

驻波比为 1 表示完全匹配，驻波比为无穷大表示全反射；回波损耗的值越大表示匹配越好，值为 0 表示全反射，值为无穷大则表示完全匹配。

5.1.2　频域特性参数的 FDTD 计算

由式（2-6）等公式计算得到的是时域电磁场分布，而在电路系统中，描述电路的性质经常使用电压、电流等电路参数，因此将时域电磁场分布经过傅立叶变换可以得到频域的电压和电流。

一般而言，如果激励源和天线的连接处截面不大，可近似地应用静场的关系来计算电压和电流，则有

$$V = \int_A^B \vec{E} \cdot \mathrm{d}\vec{l} \tag{5-5}$$

$$I = \oint_C \vec{H} \cdot \mathrm{d}\vec{l} \tag{5-6}$$

式（5-5）的积分由截面上一个导体的任意一点 A 至另一导体（一般为接地导体）的任意一点 B，式（5-6）的积分为环绕一个截面导体的回路积分。

以沿着 z 轴放置的偶极天线为例，其电压和电流积分路径如图 5-1 所示，假设馈源位置为沿着 z 轴的 2 个网格所在位置 (i,j,k) 和 $(i,j,k+1)$，则积分得到的电压和电流公式为

$$U_z^n = -[E_z^n(i,j,k) + E_z^n(i,j,k+1)]\Delta z \tag{5-7}$$

$$I_z^{n+\frac{1}{2}} = \Delta x[H_x^{n+\frac{1}{2}}(i,j-1,k) - H_x^{n+\frac{1}{2}}(i,j,k)] + \Delta y[H_y^{n+\frac{1}{2}}(i,j,k) - H_x^{n+\frac{1}{2}}(i-1,j,k)] \tag{5-8}$$

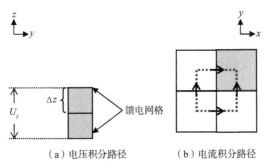

（a）电压积分路径 （b）电流积分路径

图 5-1 电压和电流积分路径

对时域电压和电流进行傅立叶变换,得到频域的电压和电流公式为

$$U_z(\omega) = \int_0^{t_T} U_z^{i,j,k}(t)e^{-j\omega t}dt$$

$$= -\Delta z\{\sum_{n=0}^{T}[E_z^{i,j,k}(n\Delta t) + E_z^{i,j,k+1}(n\Delta t)]\cos(\omega n\Delta t) - \qquad (5\text{-}9)$$

$$j\sum_{n=0}^{T}[E_z^{i,j,k}(n\Delta t) + E_z^{i,j,k+1}(n\Delta t)]\sin(\omega n\Delta t)\}$$

$$I_z(\omega) = \int_0^{t_T} I_z^{i,j,k}(t)e^{-j\omega t}dt$$

$$= \Delta x[\sum_{n=0}^{T} H_x^{i,j-1,k}(n\Delta t)\cos(\omega n\Delta t) - j\sum_{n=0}^{T} H_x^{i,j-1,k}(n\Delta t)\sin(\omega n\Delta t)] -$$

$$\Delta x[\sum_{n=0}^{T} H_x^{i,j,k}(n\Delta t)\cos(\omega n\Delta t) - j\sum_{n=0}^{T} H_x^{i,j,k}(n\Delta t)\sin(\omega n\Delta t)] +$$

$$\Delta y[\sum_{n=0}^{T} H_y^{i,j,k}(n\Delta t)\cos(\omega n\Delta t) - j\sum_{n=0}^{T} H_y^{i,j,k}(n\Delta t)\sin(\omega n\Delta t)] -$$

$$\Delta y[\sum_{n=0}^{T} H_y^{i-1,j,k}(n\Delta t)\cos(\omega n\Delta t) - j\sum_{n=0}^{T} H_y^{i-1,j,k}(n\Delta t)\sin(\omega n\Delta t)] \qquad (5\text{-}10)$$

输入阻抗的频域特性可以由频域电压和电流计算得到,即

$$Z_{in}(\omega) = \frac{U_z(\omega)}{I_z(\omega)} \qquad (5\text{-}11)$$

由于 FDTD 方法中元胞上的电场 E 和磁场 H 在 z 方向上相差半个网格长度 $\Delta z/2$,时间上相差半个时间步长 $\Delta t/2$,因此在阻抗的计算中会带来误差,为修正这种误差,可以按下式计算:

$$Z_{in}(\omega) = \frac{U_k(\omega)e^{-j\omega\Delta t/2}}{\sqrt{I_{k-1}(\omega)I_k(\omega)}} \qquad (5\text{-}12)$$

5.1.3 偶极天线

线天线是最古老、最普遍的天线形式,几乎任何形状的线均具有效的天线应用。线天线可由实导线或金属管制成。线天线原理简单,制造容易,而且非常廉价。半波偶极天线是常用的基本辐射源,分析半波偶极天线时一般都假设振子两臂共轴线,且馈电点间隔极小。

5.1.3.1　天线基本结构

本书仿真的半波偶极天线模型如图 5-2 所示,天线总长度为 100 mm,振子两臂长度均为 49.5 mm,馈电点长度为 1 mm,振子两臂沿着 z 轴方向的横截面为正方形,天线用 50 Ω 集总端口馈电。

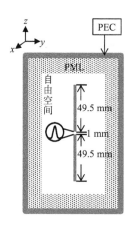

图 5-2　半波偶极天线模型

5.1.3.2　FDTD 仿真过程中基本参数的设置及计算结果

在 FDTD 仿真过程中,天线沿着 z 轴放置于自由空间,四周用 PML 吸收边界截断,PML 层周围有 PEC 边界,天线两臂均按 PEC 处理。空间步长在 x, y, z 三个方向上均选择 0.5 mm,即 $\Delta x = \Delta y = \Delta z = 0.5$ mm,振子横截面占据一个网格的位置,馈电点沿着 z 方向占据 2 个网格,在馈电点施加带有 50 Ω 内阻的高斯脉冲电压源,其表达形式为 $\mathrm{e}^{-\left(\frac{t-t_0}{T}\right)^2}$,其中 $T = 48\mathrm{e}^{-12}$, $t_0 = 3T$,由 Courant 稳定性条件确定时间步长 $\Delta t = 0.958\mathrm{e}^{-12}$ s,为了有一个比较好的吸收效果,PML 层设为 6 层。整个计算区域为 $30 \times 30 \times 224$,计算 8 000 时间步,实验平台是 PC 计算机,CPU 为 Intel 的 Core i5 2120(四核),3.0 GHz, Windows 7 sp1 旗舰版操作系统,仿真程序就是前边在 Visual Studio 2010 sp1 中开发的三级并行 FDTD 程序。

图 5-3 所示为仿真偶极天线运行到 200 和 800 时间步时,馈电点的 E_z 分布情况,图 5-4 所示为偶极天线馈电点不同时刻的时域电压值,图 5-5 和图 5-6 分别为偶极天线的输入阻抗和回波损耗,从图 5-6 可以看出,偶极天线的谐振频率大约在 1.4 GHz。

表 5-1 给出了仿真偶极天线的计算时间和加速比。其中,"程序类型"一栏,"MPI+OpenMP+C"表示用 C 语言编写的基于 MPI 和 OpenMP 的两级数据并行程序,其仿真时间用 T_C 表示;"MPI+OpenMP+SSE"表示电磁场迭代程序的主体部分用 Intrinsic 方法调用 SSE 指令集编写的基于 MPI、OpenMP 和 SSE 指令集的三级数据并行程序,其仿真时间用 T_{SSE} 表示;"MPI+OpenMP+AVX"表示迭代主体部分用 Intrinsic 方法调用 AVX 指令集编写的基于 MPI、OpenMP 和 AVX 指令集的三级数据并行程序,其仿真时间用 T_{AVX} 表示;"加速比"一栏分别为三种代码运算时间之比。从表 5-1 可以看出,SSE 指令集可以使该偶

极天线程序的计算速度提升到原来的 2.69 倍，而 AVX 指令集则可以使该程序的计算速度提升到原来的 4.05 倍，大大提高了仿真速度。

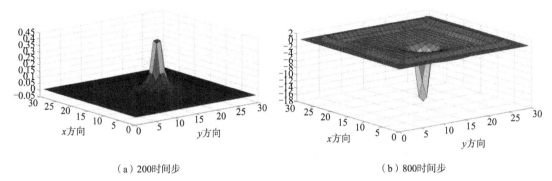

（a）200时间步　　　　　　　　　　　　　　　　（b）800时间步

图 5-3　仿真偶极天线 200 和 800 时间步馈电点 E_z 分布图

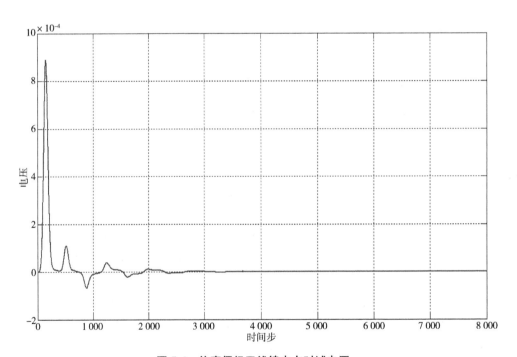

图 5-4　仿真偶极天线馈电点时域电压

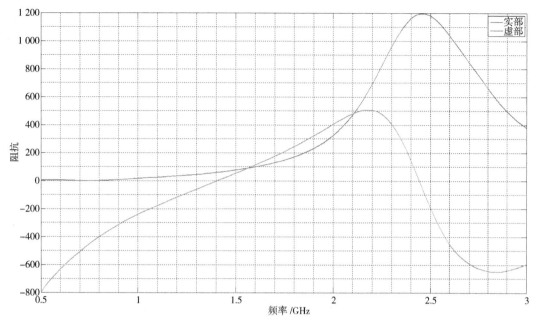

图 5-5   仿真偶极天线输入阻抗

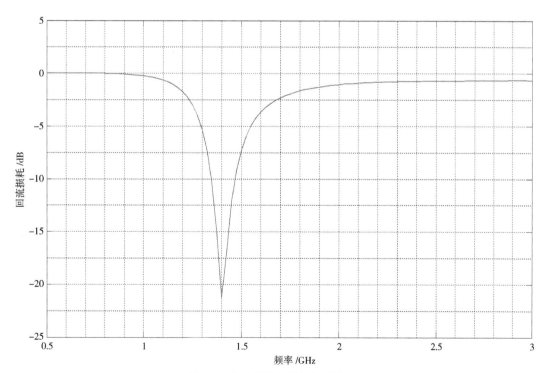

图 5-6   仿真偶极天线输入回波损耗

表 5-1　偶极天线仿真时间及加速比

网格划分($x \times y \times z$)	程序类型	仿真时间 /s	加速比		
			$T_\mathrm{C}/T_\mathrm{SSE}$	$T_\mathrm{C}/T_\mathrm{AVX}$	$T_\mathrm{SSE}/T_\mathrm{AVX}$
$30 \times 30 \times 224$	MPI+OpenMP+C	51.01	2.69	4.05	1.51
	MPI+OpenMP+SSE	18.95			
	MPI+OpenMP+AVX	12.59			

5.1.4　矩形微带贴片天线

微带天线是由很薄的金属片以远小于波长的间隔置于一接地面上,金属片与接地面之间用介质片隔开。金属片、接地面和介质片分别称为辐射贴片、地板和介质基片,如图 5-7 所示。辐射贴片可以是方形、圆形、椭圆形等各种形状。馈电方式有微带线侧馈、同轴线底馈、电磁耦合和口径耦合等。微带天线一般应用在 1 GHz~50 GHz 频段,特殊的微带天线也可以用在几十兆赫兹。由于微带天线剖面薄、体积小、质量轻、造价低,特别是它可以方便地与馈电网络和器件集成成块,与微电子技术紧密结合,因此微带天线在雷达、通信以及电子系统中得到了广泛的研究和应用。

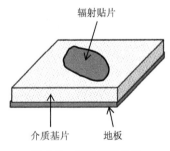

图 5-7　微带天线结构

5.1.4.1　天线基本结构

本书仿真的矩形微带贴片天线模型如图 5-8 所示,天线的大小为 25 mm×0.794 mm×50 mm,即基板长 50 mm,宽 25 mm、厚 0.794 mm,相对介电常数为 2.2,辐射贴片贴在基板的上表面,尺寸为 16 mm×12.45 mm,地板尺寸与基板尺寸相同,贴在基板的下表面,天线用 50 Ω 的微带馈线馈电,微带天线尺寸为 24 mm×2.56 mm,辐射贴片和微带天线的相对位置以及这两者与基板的相对位置参数如图 5-8 所示,

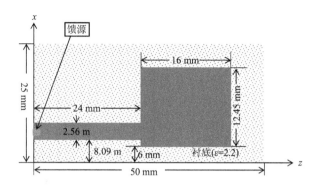

图 5-8　矩形微带贴片天线模型

5.1.4.2　FDTD 仿真过程中基本参数的设置及计算结果

在 FDTD 仿真过程中,为了充分发挥 SSE 或 AVX 指令集的加速功能,将贴片天线几何结构中尺寸最长的方向沿着 z 轴放置,即天线沿着 z 轴方向的尺寸为 50mm,同时为了满足并行 FDTD 沿 x 轴进行域分解和线程级数据并行化的条件,放置天线时,让 25 mm 尺寸的边沿着 x 轴放置,那么天线在 y 轴方向的尺寸为天线的厚度尺寸,即 0.794 mm。整个天线置于自由空间,天线四周用 6 层 PML 吸收边界和 PEC 边界截断,地板和贴片均按 PEC 处理。在仿真过程中,三个方向的边缘在微带线平面沿 x 方向的中心位置处,天线各部分的相对位置和尺寸大小详见图 5-8 和图 5-9。空间步长分别为 $\Delta x = 0.389$ mm , $\Delta y = 0.265$ mm , $\Delta z = 0.4$ mm ,馈电点沿着 y 轴方向占据 3 个网格,在 x-z 平面内占据一个网格的位置,仍然选择带有内阻的高斯脉冲电压源激励天线,激励源的脉冲表示为 $\exp\{-[(n\times \Delta T - 45e^{-12})/15e^{-12}]^2\}$,其中 n 为时间步, $\Delta T = 0.441e^{-12}$ s,整个计算区域划分为 $98\times37\times160$ 网格,计算 8 000 时间步,实验平台是 PC 计算机,CPU 为 Intel 的 Core i5 2120(四核),3.0 GHz,Windows 7 sp1 旗舰版操作系统,Visual Studio 2010 sp1 软件开发环境。

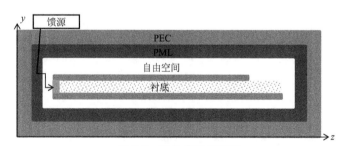

图 5-9　贴片天线侧视图

图 5-10 所示为贴片天线仿真过程中 200 时间步和 1 000 时间步时馈电点 E_y 的分布,图 5-11 所示为贴片天线的回波损耗。从图 5-11 可以看出,贴片天线的谐振频率大约在 7.4 GHz。为了更加清楚地呈现天线的辐射特性,图 5-12 和图 5-13 分别给出了在贴片天线第一个谐振频率附近 7 GHz~8 GHz 的输入阻抗和回波损耗。表 5-2 给出了仿真矩形微带贴片天线的计算时间,其中的各种数据含义与表 5-1 相同。从表 5-2 可以看出,SSE 指令集

可以使该贴片天线程序的计算速度提升到原来的 2.98 倍,而 AVX 指令集则可以使该程序的计算速度提升到原来的 4.85 倍,大大提高了仿真速度。另外,由于贴片天线的网格数目比偶极天线的网格数目大,因此加速效果也比偶极天线明显。

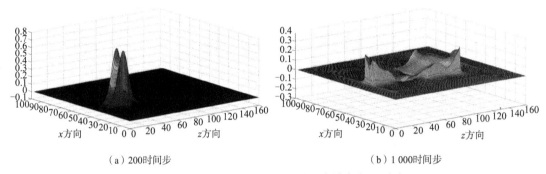

（a）200时间步　　　　　　　　　　　　　　　（b）1 000时间步

图 5-10　贴片天线 200 和 1 000 时间步馈电点 E_y 分布图

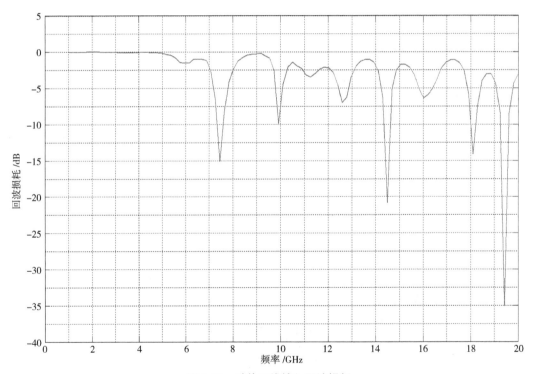

图 5-11　贴片天线输入回波损耗

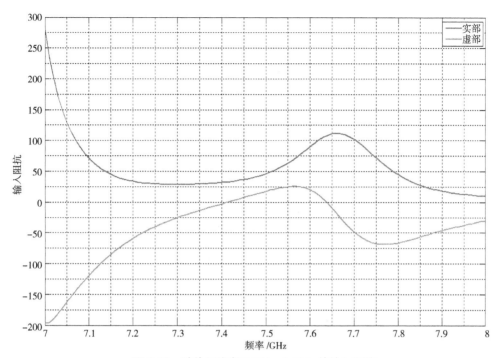

图 5-12　贴片天线在 7 GHz~8 GHz 的输入阻抗

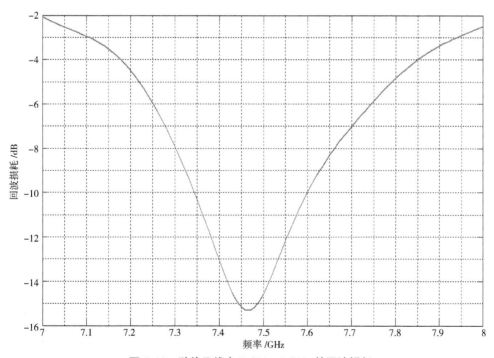

图 5-13　贴片天线在 7 GHz~8 GHz 的回波损耗

表 5-2　贴片天线仿真时间及加速比

网格划分($x \times y \times z$)	程序类型	仿真时间 /s	加速比		
			T_C/T_{SSE}	T_C/T_{AVX}	T_{SSE}/T_{AVX}
$98 \times 37 \times 160$	MPI+OpenMP+C	154.73	2.98	4.85	1.63
	MPI+OpenMP+SSE	51.95			
	MPI+OpenMP+AVX	31.88			

5.2　加速算法的复杂工程应用

5.2.1　数值实验加速效果

为了展示使用 SSE 指令集的加速效率,本节使用 SSE 指令集的 FDTD 代码来模拟一个简单的例子,该例子仅包含一个点源,并在一个表面输出场分布。计算域分别分成 $40 \times 40 \times 40$、$80 \times 80 \times 80$、$120 \times 120 \times 120$、$160 \times 160 \times 160$ 和 $200 \times 200 \times 200$ 个均匀格点,通过 6 层 CPML 进行截断。激励脉冲采用纯高斯脉冲,激励源位于计算域的中心,如图 4-4 所示。数值实验在具有千兆以太网的 PC 集群上进行,每个计算机都安装有 Intel Core 2 Duo CPU E7500, 2.93 GHz。对于 600 个时间步的实验结果总结见表 5-3。从表 5-3 可以看出,SSE 指令集可以减少 FDTD 模拟的计算时间,加速比随着单元数的增加而增加,因为当问题规模变大时,如果将 PML 层数固定为 6,则 PML 区域对仿真时间的相对贡献将减少。

表 5-3　使用 SSE 指令集的仿真时间及加速比

网格数 /M(兆)	程序类型	仿真时间 /s	加速比
0.064	MPI+OpenMP	3.59	1.65
	MPI+OpenMP+SSE	2.18	
0.512	MPI+OpenMP	18.21	1.93
	MPI+OpenMP+SSE	9.45	
1.728	MPI+OpenMP	50.27	2.17
	MPI+OpenMP+SSE	23.20	
4.096	MPI+OpenMP	110.89	2.36
	MPI+OpenMP+SSE	46.92	
8	MPI+OpenMP	196.86	2.44
	MPI+OpenMP+SSE	80.84	

理想的加速比应该是 4,因为基于 SSE 指令集的矢量单元速度是浮点单元的 4 倍。然

而,由于 PML 边界处的不连续数据、进程间通信等原因,代码的性能会受到影响。也就是说,如果没有 MPI 和 OpenMP,仅依靠 SSE 指令集的代码性能会在一定程度上提高。在本书中,当计算域被截断为一个 6 层 PML 时,当单元数为 8×10^6 时,实现的一个加速比为2.44。

5.2.2　复杂工程应用研究

在实际问题中,仿真因素(如输出、色散介质和近场到远场变换)会因内存中不连续的数据结构而影响 SSE 的性能,通过优化缓存命中率可以改进这一点。

本节通过使用 SSE 加速的并行 FDTD 代码来模拟一个波导(WR75)滤波器问题。该滤波器包括 5 个腔,并在一端由 TE10 模式激励,如图 5-14 所示;输出参数为在另一端测量得到的 TE10 模式的传输系数。其目的是研究 SSE 加速在实际问题上对 2 个 CPU(16 个线程)工作站的性能影响。

为了比较,使用有限元方法来模拟相同的问题,并给出图 5-15 所示结果。从图 5-15 可以看出二者具有良好的一致性。值得一提的是,结果在使用和不使用 SSE 加速下是相同的。

使用 SSE 加速的并行 FDTD 性能总结见表 5-4。从表 5-4 可以看出,在这个实际问题中,SSE 加速可以将 FDTD 代码加速 2.37 倍。

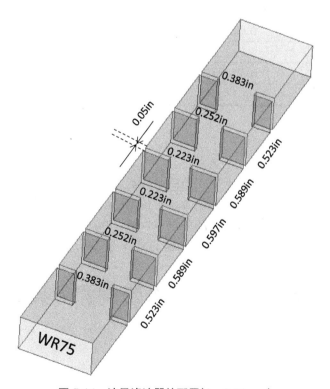

图 5-14　波导滤波器的配置(in=2.54 cm)

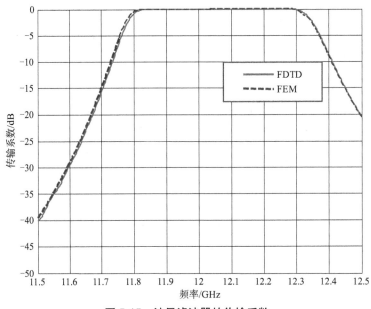

图 5-15   波导滤波器的传输系数

表 5-4   使用 SSE 加速的并行 FDTD 性能

	有 SSE 加速的 FDTD	没有 SSE 加速的 FDTD
工作站	2×AMD Opteron 6128 2.0 GHz	
内存使用	37 MB	37 MB
处理时间	145	345

5.2.3   结论

　　本节对前面提出的基于 SSE 指令集的新硬件加速技术,在 PC 集群和工作站平台上进行了数值验证和工程应用实现。结果表明,这种技术可以提高计算效率,而无须任何额外的硬件投资,为电磁仿真提供了高效、经济的技术。进一步的工作将是优化内存中的数据结构,以进一步提高 SSE 性能,并使用 AVX 加速 FDTD 仿真。

5.3   太赫兹光谱探测隐蔽携带陶瓷刀具的仿真研究

5.3.1   背景

　　为了探测隐蔽在塑料、纸张等遮盖物后的陶瓷刀具,本节基于时域有限差分法,采用 C 语言编写仿真程序,模拟了有无塑料、纸张等遮盖物时太赫兹辐射在 Al_2O_3 陶瓷介质中的反射和传输情况,得到了相应的时域谱、频域谱、反射谱和吸收谱,计算出了太赫兹波段 Al_2O_3

陶瓷的吸收系数曲线,数量级为 $10^3\,\text{cm}^{-1}$。仿真结果说明,利用太赫兹光谱技术探测隐蔽携带陶瓷刀具的方法是可行的、有意义的,这一结论对无接触安全检查具有一定的指导意义和参考价值。

从 20 世纪 70 年代开始,重要的出入口(如机场、车站、地铁等)就已经开始实行安全检查制度,对通过这些出入口的人员所携带的行李物品实施安全检查已经成为普遍采取的安全措施。特别是近年来,受动荡的世界格局和多发的世界恐怖势力袭击事件的影响,公共安全越来越成为各国政府关注的焦点,安全检查技术对暴力恐怖袭击事件的预测预警起着至关重要的作用,各种新的安全检查技术装备逐渐被应用于危险物品和违禁物品的防爆安全检查,其中太赫兹(Terahertz,THz)辐射以其独特的优势性能在安检领域脱颖而出,并备受关注。

THz 波是指频率在 0.1 THz~10 THz(1 THz=10^{12} Hz)范围内的电磁波,波长为 0.03~3 mm,在电磁波谱上位于微波与红外辐射之间。THz 科学的早期研究主要集中在发展 THz 技术本身,随后研究热点转为 THz 波与物质的相互作用,再以后 THz 辐射被用于研究化学和生物样品的光谱特性。近年来,THz 辐射在安全检查、无损检测、医疗诊断等领域的应用研究开始引起人们的兴趣。

太赫兹辐射具有很多独特的性质,如太赫兹辐射对于很多介电材料和非极性的液体有良好的穿透性,可以对不透明物体进行透视成像;另外,与具有千电子伏特光子能量的 X 射线相比,太赫兹辐射的光子能量只有毫电子伏特的数量级,因而不会引起有害的电离反应;同时,太赫兹波段包含丰富的光谱信息,利用太赫兹辐射探测目标物体,不仅可以得到物体的轮廓,还有可能鉴定出物体的化学成分及各成分的含量,这些特点使太赫兹波在安全检查领域有着非常广阔的应用前景。

安全检查领域的违禁品主要包括武器(如枪支、刀具)、易燃易爆的危险品(如各种炸药)和法律禁止的各种麻醉药剂(如毒品)等。本节主要研究隐蔽在塑料、纸张等物品后面的刀具的探测,考虑到当前刀具不仅限于金属材料,从 20 世纪中叶人们就已经开始使用陶瓷作为刀具材料,因此主要研究隐蔽陶瓷刀具(主要成分是 Al_2O_3)的探测。

本节基于时域有限差分法进行仿真研究,用 C 语言编写了 FDTD 仿真程序,模拟太赫兹波在塑料、纸张和陶瓷等各种介质中的传播,记录太赫兹波的时域场值,通过傅立叶变换得到频域的振幅谱和相位谱,进而计算得到介质的吸收光谱、反射光谱、吸收系数曲线等。

5.3.2　仿真实验

5.3.2.1　仿真模型的建立

一维平板介质模型如图 5-16 所示。在 x-y 平面,各种介质均为无限大,在 z 方向有一定的厚度,介质位于 z 轴正半轴区域。假设 THz 脉冲沿 z 轴正方向自空气垂直入射到介质平板,电场分量和磁场分量分别在 x 方向和 y 方向。

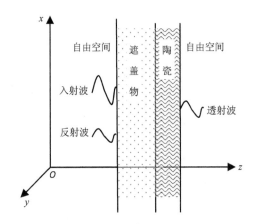

图 5-16　时域有限差分仿真模型

5.3.2.2　FDTD 参数设置

FDTD 剖分的空间步长为 $\Delta z = 5\ \mu m$，相应的时间步长为 $\Delta t = \Delta z / 2c$，其中 c 为光速。由于陶瓷介质对 THz 波具有较强的反射率和吸收率，如果陶瓷介质厚度太大，就无法得到透射波，因此陶瓷厚度取 $10\Delta z$，塑料和纸张介质厚度取 $400\Delta z$，FDTD 总的计算区域设置为 $700\Delta z$。入射 THz 波取高斯脉冲形式，$E_i(t) = \exp\left[-\left(\dfrac{t - t_0}{\tau} \right)^2 \right]$，其中脉冲的宽度 $\tau = 30\Delta t$，$t_0 = 2.5\tau$。

在常温干燥情况下，塑料的相对介电常数和电导率分别取 $\varepsilon_r = 2$，$\sigma = 10^{-15}\ \text{S/m}$，纸张的相对介电常数和电导率分别取 $\varepsilon_r = 2.3$，$\sigma = 10^{-16}\ \text{S/m}$，$Al_2O_3$ 陶瓷的相对介电常数取 9.7，电导率取 $1.63 \times 10^3\ \text{S/m}$。

5.3.2.3　仿真步骤

仿真过程分为以下几步完成。

（1）将图 5-16 中的遮盖物和陶瓷两种介质都去掉，即整个计算区域都为自由空间，运行仿真程序，提取激励源时域波形。

（2）将塑料介质板放入计算区域如图 5-16 中遮盖物位置，运行仿真程序，可以提取塑料介质对 THz 波的反射和透射时域波形。

（3）将塑料介质板去掉，将陶瓷介质板放入计算区域如图 5-16 所示陶瓷位置，运行仿真程序，可以提取陶瓷介质对 THz 波的反射和透射时域波形。

（4）将塑料介质板和陶瓷介质板同时放入计算区域如图 5-16 所示的相应位置，可以提取两种介质同时存在时的反射和透射时域波形，此波形即是陶瓷介质隐蔽在塑料后面的反射和透射波。

（5）将图 5-16 中的遮盖物由塑料换成纸张，然后重复步骤（1）至（4）。

将上述过程提取到的时域波形通过傅立叶变换得到相应的频域谱，再计算得到介质的反射系数、反射率、透射系数、透射率和吸收系数曲线等。

5.3.2.4　仿真结果

1. 陶瓷隐蔽于塑料之后

将图 5-16 中的遮盖物换成塑料,经过上述仿真步骤得到相应结果。图 5-17 给出的四条曲线分别为自由空间入射波(参考信号)、单层介质塑料对参考信号反射、单层介质陶瓷对参考信号反射、两层介质塑料 + 陶瓷对参考信号反射的时域谱。

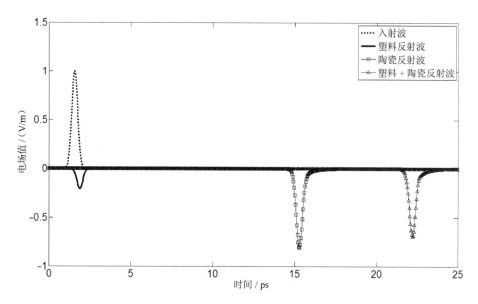

图 5-17　入射波和不同介质分布反射波时域谱

从图 5-17 可以看出,介质反射波相对于参考信号振幅出现了不同程度的衰减,这是因为介质表面对 THz 波有一定的散射、吸收和部分透射等造成的;同时,陶瓷较塑料对 THz 波有较强的反射,这是因为 Al_2O_3 较塑料有较大的电导率造成的。对时域信号进行快速傅立叶变换,再根据参考文献公式计算便得到相应的反射光谱,如图 5-18 所示。

图 5-18 中实线和虚线两条曲线分别为塑料和陶瓷对 THz 波的反射率曲线,可以看出塑料对 THz 波的反射能力较差,而陶瓷对 THz 波具有很强的反射;中间的圈实线为塑料遮盖下的陶瓷对 THz 波的反射率曲线,这条曲线与无塑料遮盖时陶瓷对 THz 波的反射率曲线非常相似,如反射率较塑料都比较大,曲线走势也趋于一致,都随着频率的增大而减小,因此可以认为在有塑料遮盖的情况下,根据反射谱也能够判断出陶瓷介质的存在。有无塑料遮盖时陶瓷的两条反射率曲线的差异主要是由于塑料对 THz 波的散射、反射和吸收程度较小。

图 5-19 给出的四条曲线分别为自由空间入射波(参考信号)、单层介质塑料对参考信号透射、单层介质陶瓷对参考信号透射、两层介质塑料 + 陶瓷对参考信号透射的时域谱。

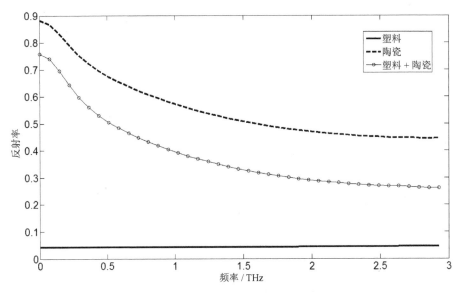

图 5-18　不同介质分布的反射谱

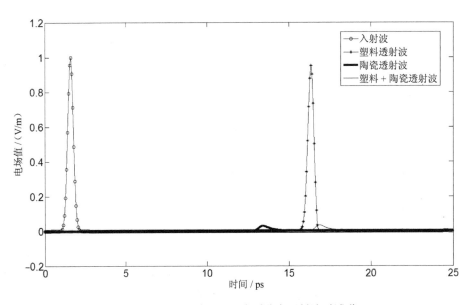

图 5-19　入射波和不同介质分布透射波时域谱

　　从图 5-19 可以看出，塑料对 THz 波具有良好的透射性，THz 波在穿透 400Δz 即 2 mm 厚的塑料后，振幅几乎没有衰减，波形也基本没有改变，而 THz 波穿过 10Δz 即 50 μm 的陶瓷介质后的透射波，振幅已经衰减到参考信号的 3% 左右，如图 5-19 中粗实线所示，说明陶瓷介质对 THz 波有较强的吸收作用。对透射时域信号进行快速傅立叶变换，再根据参考文献公式计算便得到相应的吸收系数曲线，如图 5-20 所示。

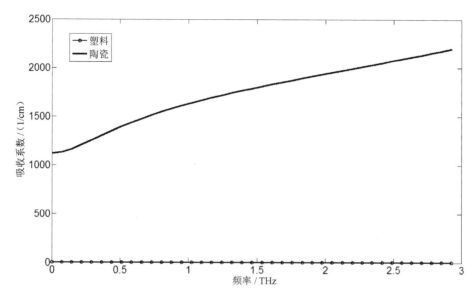

图 5-20　塑料和陶瓷的 THz 波吸收系数

从图 5-20 可以看出,塑料介质对 THz 波的吸收系数曲线几乎是平行于横轴的一条水平线,说明塑料对 THz 波的吸收能力很小;仿真实验所用的 Al_2O_3 陶瓷对 THz 波的吸收系数数量级为 $10^3\ cm^{-1}$,且随着频率的增大而增大。

仿真实验中,当陶瓷介质厚度再增加时,如增加到 $20\Delta z$,已经提取不到 THz 透射波,原因是陶瓷对 THz 波有较强的反射和部分的吸收作用,因此隐蔽在塑料、纸张等物品后面的陶瓷的探测研究主要依据是有无遮盖介质时陶瓷对 THz 波的反射光谱数据。

2. 陶瓷隐蔽于纸张之后

将图 5-16 中的遮盖物换成纸张,重复仿真步骤,提取入射波和几种介质分布下的反射时域谱如图 5-21 所示,对时域谱做傅立叶变换得到频域谱,再经计算得到如图 5-22 所示的反射光谱。图 5-21 中的四条曲线分别为自由空间入射波(参考信号)、单层介质纸张对参考信号反射、单层介质陶瓷对参考信号反射、两层介质纸张 + 陶瓷对参考信号反射的时域谱。图 5-22 中最下面和最上面的两条曲线分别为纸张和陶瓷对 THz 波的反射率曲线。从图 5-21 和图 5-22 均可以看出,纸张介质对 THz 波的反射能力比较差,反射波幅值减小到入射波的百分之十几,反射率也比较小,而陶瓷介质对 THz 波表现出较强的反射能力,反射率也比较大。

图 5-22 中间的圈实线为纸张遮盖下的陶瓷对 THz 波的反射率曲线,这条曲线与无纸张遮盖时陶瓷对 THz 波的反射率曲线即图中虚线非常相似,如反射率较纸张都比较大,两条曲线走势也趋于一致,因此可以认为在有纸张遮盖的情况下,根据反射谱也能够判断出陶瓷介质的存在。有无纸张遮盖时陶瓷的两条反射率曲线的差异主要是由于纸张对 THz 波的散射、反射和吸收程度较小,这些结论与遮盖物是塑料情况相同。

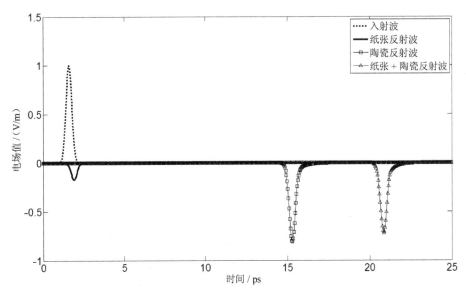

图 5-21　入射波和不同介质分布反射波时域谱

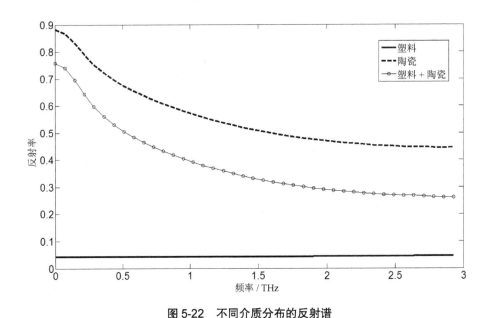

图 5-22　不同介质分布的反射谱

5.3.3　结论

基于时域有限差分法,采用 C 语言编写仿真程序,将塑料、纸张、陶瓷等介质看作均匀平板介质,将高斯脉冲模拟的 THz 辐射垂直入射到介质表面,通过仿真计算提取反射波的时域电场值,经傅立叶变换得到频域谱,从而计算得到介质的反射率曲线,通过比较有无遮盖介质时陶瓷对 THz 波的反射谱,认为可以根据反射谱探测到隐蔽在塑料、纸张等遮盖物后面的陶瓷介质的存在;同时,研究了 Al_2O_3 陶瓷对 THz 波的吸收,得到了 THz 波段其吸收系数的数量级为 $10^3 \, cm^{-1}$。这些结论说明,利用太赫兹光谱技术探测隐蔽携带陶瓷刀具是可行的,这对无接触安全检查具有一定的参考价值和指导意义。

5.4　木材含水率对太赫兹波传输特性的影响

5.4.1　背景

为了研究太赫兹波在潮湿环境下与物质相互作用的规律,对太赫兹波在不同厚度、不同含水率的白松和红松中的传播进行仿真,得到了太赫兹透射波的峰值和峰值位置与木材厚度和含水率的关系。仿真数值显示,随着木材含水率的增加,太赫兹透射波的峰值呈线性衰减趋势,峰值位置则线性递增;白松在含水率小于 20%、红松在含水率小于 10% 时,木材厚度是引起上述线性变化的主要原因,而当白松和红松含水率分别大于 20% 和 10% 以后,木材厚度和含水率对上述线性变化都有显著影响。

与其他波段的电磁波相比,太赫兹辐射具有许多独特的性质,如瞬态性、宽带性、相干性、穿透性、低能安全性、光谱分辨本领等,这些特点使太赫兹波在无损检测、食品安全、医疗诊断、安全检查等领域有着非常广阔的应用前景。但太赫兹辐射也有其局限性,如太赫兹辐射具有显著的惧水性,大多数极性分子如水分子、氨分子等对太赫兹辐射有强烈的吸收,因此在实际设计太赫兹应用的工作方案时,水吸收是一个必须考虑的重要因素。

为了研究太赫兹波在潮湿环境下与物质相互作用的规律,本节根据时域有限差分法,用 C 语言编写了 FDTD 仿真程序,以模拟太赫兹波在不同厚度、不同含水率的木材中的传播,并得到相应的时域谱。

5.4.2　仿真实验

5.4.2.1　仿真模型的建立

考虑到所研究的内容是太赫兹波与介质相互作用,所以可以忽略介质形状细节,而只考虑其厚度,因此选用一维平板介质模型,如图 5-23 所示。在 x-y 平面,介质均为无限大,在 z 方向有一定的厚度,介质位于 z 轴正半轴区域。假设 THz 脉冲沿 z 轴正方向自空气垂直入射到介质平板,电场分量和磁场分量分别在 x 方向和 y 方向。

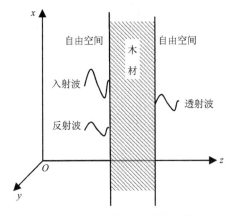

图 5-23　时域有限差分仿真模型

5.4.2.2　FDTD 参数设置

在 FDTD 中,为了实现电磁场的空间递推,需要把计算空间划分成许多网格,每个网格可近似看作一个点,该点的电磁场值可以根据相关文献的递推公式计算得到。由于计算空间是一维的,因此在此一维方向上选取均匀划分方法进行剖分即可,对于固定大小的计算空间,网格尺寸越小,所需计算时间越长,综合考虑计算速度和计算精度之后,每个网格的尺寸即 FDTD 仿真的空间步长选为 $\Delta z = 5\,\mu m$,根据 Courant 稳定性条件可知,相应的时间步长可以选为 $\Delta t = \Delta z / 2c$,其中 c 为光速。入射 THz 波选取高斯脉冲形式,即 $E_i(t) = \exp\left[-\left(\dfrac{t-t_0}{\tau}\right)^2\right]$,其中脉冲的宽度 $\tau = 30\Delta t$, $t_0 = 2.5\tau$ 。

5.4.2.3　含水木材电参数

木材的介电常数和电导率随木材含水率而改变,因此在仿真过程中只需相应改变木材的介电常数和电导率,就可以模拟不同含水率时太赫兹波在含水木材中的传输情况。这里含水率 W 按下式计算:

$$W = \frac{m - m_0}{m_0} \times 100\%$$

式中: m 是湿木材质量; m_0 是绝干木材质量。

本节仿真所用的红松和白松的电导率随含水率变化关系参考的是相关文献的测量数据,介电常数的选择参考的是相关文献的测量数据,根据文献测量数据和文献中关于木材电参数随木材含水率变化的趋势分析,经过数据拟合得到了木材介电常数和电导率随含水率的变化关系。

5.4.3　仿真结果

5.4.3.1　木材含水率对 THz 波透射性的影响

将图 5-23 中的木材位置放置厚度为 1 mm 的白松,依次改变白松的含水率,运行仿真程序得到的结果如图 5-24 所示。图 5-24 给出的八条曲线从左至右分别为自由空间入射波（参考信号 inc）和含水率分别为 0%、10%、20%、30%、40%、50%、60% 的白松 THz 透射波，横坐标为 THz 脉冲峰值出现的时间位置（简称峰值位置），单位为 ps，纵坐标为波峰幅值（简称峰值），单位为 V/m。从图 5-24 可以看出，随着白松含水率的增大，太赫兹透射波的峰值逐渐减小，峰值位置逐渐增大，具体变化情况如图 5-25 所示。

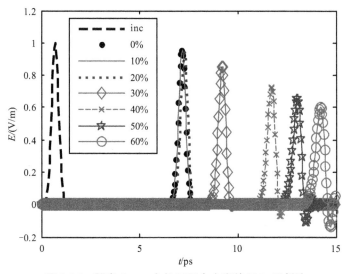

图 5-24　厚度 1 mm 白松不同含水率的 THz 透射波

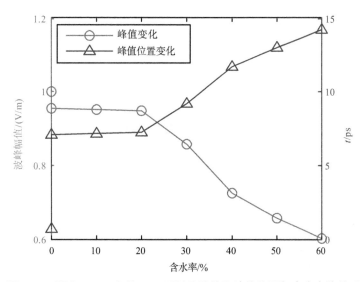

图 5-25　厚度 1 mm 白松 THz 透射波峰值和峰值位置与含水率的关系

在图 5-25 中，峰值变化由圆圈实线曲线给出，对应于左侧纵坐标轴；峰值位置变化由三角形实线曲线给出，对应右侧纵坐标轴，单位为 ps。从图 5-25 可以看出，当白松含水率小于 20% 时，THz 脉冲峰值和峰值位置变化不明显，这与图 5-24 中的含水率分别为 0%、10%、

20%对应曲丝几乎重合的情况是一致的；当白松含水率大于20%后，随着含水率的增大，THz脉冲峰值和峰值位置呈现出近似线性减小和增大的趋势，这是因为当含水率小于20%时，白松的电参数随含水率变化不大，水对太赫兹波的吸收不显著，而当含水率大于20%后，白松的介电常数和电导率随含水率显著改变，大量的水分对太赫兹波有较强的吸收。

　　将图5-23中的木材位置的白松换成红松，红松厚度和含水率变化与白松相同，得到仿真结果如图5-26和图5-27所示。从图5-26和图5-27可以看出，太赫兹波在透过不同含水率的红松介质后，峰值和峰值位置变化趋势与白松大致相同，但两者稍有区别：当红松含水率小于10%时，THz脉冲峰值和峰值位置变化不明显，图5-26中含水率分别为0%、10%对应曲线几乎重合；当红松含水率大于10%后，随着含水率的增大，THz脉冲峰值和峰值位置也呈现出近似线性变化的趋势，变化速度比白松稍慢。

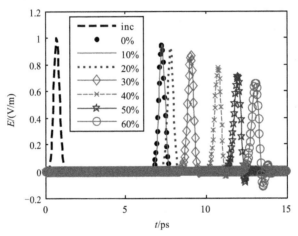

图 5-26　厚度 1 mm 红松不同含水率的 THz 透射波

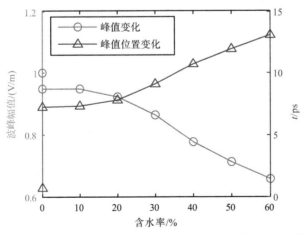

图 5-27　厚度 1 mm 红松 THz 透射波峰值和峰值位置与含水率的关系

5.4.3.2 木材厚度和含水率对 THz 波透射性的影响

将图 5-23 中的木材位置依次放置厚度为 1 mm、3 mm、5 mm、10 mm 的白松,每种厚度的白松又依次改变其含水率为 0%、10%、20%、30%、40%、50%、60%,运行仿真程序得到 THz 波透过白松介质后的峰值和峰值位置变化曲线如图 5-28 和图 5-29 所示。

从图 5-28 可以看出,透过白松后,太赫兹波的峰值幅值随白松的厚度和含水率增大而减小,不同厚度时,太赫兹波峰值幅值随含水率增大而衰减的趋势基本一致,都是在含水率小于 20% 时衰减不明显,含水率大于 20% 后迅速衰减,近似呈现线性衰减规律。另外,随着白松厚度的增加,衰减速度也有缓慢递增的趋势。

从图 5-29 可以看出,透过白松后,太赫兹波的峰值位置逐渐增大,当白松含水率小于 20% 时,这种增大主要是由于白松厚度的变化引起的,与含水率变化没有显著关系;当含水率大于 20% 以后,白松厚度和含水率都显著增大了峰值位置,且厚度越大,峰值位置增大也越迅速。

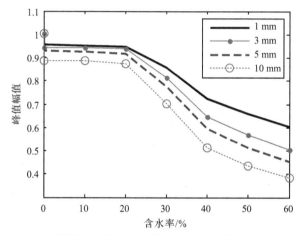

图 5-28 不同厚度、不同含水率的白松 THz 透射波峰值变化曲线

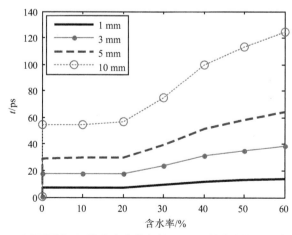

图 5-29 不同厚度、不同含水率的白松 THz 透射波峰值位置变化曲线

将图 5-23 中的木材位置的白松换成红松，红松厚度也分别取 1 mm、3 mm、5 mm、10 mm，每种厚度的红松含水率也依次取 0%、10%、20%、30%、40%、50%、60%，运行仿真程序，可得到 THz 波透过红松介质后的峰值和峰值位置变化曲线如图 5-30 和图 5-31 所示。

比较图 5-28 和图 5-30 可知，太赫兹波透过白松和红松后，峰值随木材介质厚度和含水率变化的趋势和规律基本是一致的，变化速度也没有显著差别。再比较图 5-29 和图 5-31 可知，太赫兹波透过白松和红松后，峰值位置的变化趋势和规律基本也是一致的，区别在于，白松从含水率大于 20% 时各种变化趋势才比较明显，而红松则是从含水率大于 10% 开始的，这种区别源自两种木材的电参数随含水率的变化规律。

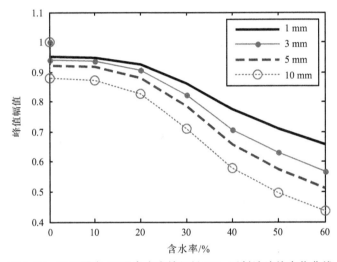

图 5-30 不同厚度、不同含水率的红松 THz 透射波峰值变化曲线

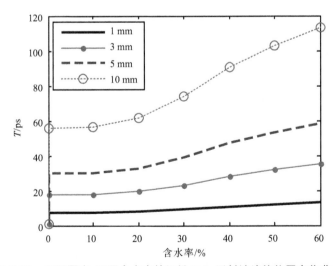

图 5-31 不同厚度、不同含水率的红松 THz 透射波峰值位置变化曲线

5.4.4　结论

本节根据时域有限差分法,用 C 语言编写仿真程序,将不同厚度、不同含水率的白松和红松等介质看作均匀平板介质,将高斯脉冲模拟的 THz 辐射垂直入射到介质表面,研究了两种木材含水率对透射 THz 波的影响,通过仿真计算提取 THz 透射波的时域电场值,得到了 1 mm、3 mm、5 mm、10 mm 厚的白松和红松在不同含水率时的太赫兹透射波,通过分析仿真数据得到以下结论:

(1)木材厚度不变时,通过分析比较 1 mm 厚度、不同含水率时透射波的峰值和峰值位置变化,发现随着木材含水率的增加,透射 THz 波的峰值呈现线性衰减趋势,而峰值位置则线性递增;

(2)木材厚度和含水率都改变时,白松在含水率小于 20%、红松在含水率小于 10% 时,THz 透射波峰值和峰值位置变化的主要原因是木材厚度的变化,而当白松和红松含水率分别大于 20% 和 10% 以后,木材的厚度和含水率对 THz 透射波的峰值和峰值位置变化都有显著影响。

5.5　本章小结

本章的主要研究内容如下。

(1)研究了 FDTD 算法在天线分析领域的应用。

(2)提出并实现了基于 AVX 指令集的 SIMD 并行加速技术在天线分析领域的应用,将基于 SSE 和 AVX 指令集的三级并行程序应用于偶极天线和矩形微带贴片天线的仿真和分析,得到了天线的时域和频域特性,对两种版本的三级并行程序的天线仿真结果进行了对比,验证了基于 AVX 指令集的三级并行结构的正确性,得到了较好的加速效果。

(3)基于提出的并行加速方法,研究了介质对太赫兹波传播的影响。

第 6 章 总结与展望

研究电磁场数值计算方法的一个主要目的是服务于工程实践,为工程实践提供准确可靠的电磁问题解决方案,进而解决各种实际的复杂电磁问题。随着电子信息领域技术的飞速发展,复杂的天线系统设计、微波器件和导行波结构的研究以及现代电子系统电磁兼容性分析等领域经常需要对一些具有复杂结构的三维电大尺寸目标进行电磁仿真,采用高效的电磁场数值计算方法准确模拟复杂结构中的电磁行为是高效实施工程设计的基础。因此,本书选择时域有限差分法与并行计算作为研究内容,无论在理论研究方面还是在工程应用方面都具有重要意义。

本书对国内外的 FDTD 算法的并行化做了了解和综述,深入研究了 FDTD 算法的基本理论和离散化方法,以及 FDTD 方法在天线分析领域的应用,同时对 SSE 指令集的硬件基础和原理做了详细的分析和研究,为下一步工作奠定了基础;搭建了一个 PC 集群,实现了基于 MPI 和 OpenMP 的粗粒度两级数据并行 FDTD 算法,并在集群上对此算法进行了测试;研究了基于 SSE 指令集的细粒度数据并行 FDTD 算法,并将三种并行技术融合在一起,形成了基于 MPI、OpenMP 和 SSE 指令集的三级数据并行 FDTD 算法,开发并优化了三级并行程序;在 PC 集群上对一个理想情况下的电磁辐射问题进行了仿真,仿真结果表明上述三级并行加速算法比传统的两级并行 FDTD 算法的仿真速度要快;同时,为了验证三级并行算法的正确性,用上述两级并行算法对同一个理想的电磁辐射问题进行了仿真,两种算法的仿真结果完全相同;将三级并行 FDTD 算法应用于天线分析,对两个比较经典的天线,即偶极天线和矩形微带贴片天线进行了仿真,得到了天线的时域近场分布以及频域特性和辐射特性;研究了 Intel 二代处理器中新加入的 AVX 指令集,首次提出并实现了利用 AVX 指令集加速 FDTD 算法的新方法,独立开发了基于 SSE 和 AVX 指令集的两个版本的三级并行 FDTD 程序,将 AVX 指令集与 MPI 和 OpenMP 技术结合,应用于天线的仿真计算,结果表明 AVX 指令集同样有很好的加速效果。可以说,利用 CPU 自带的 VALU 对传统的基于 MPI 和 OpenMP 的两级并行 FDTD 算法进行加速是一种非常经济、实用、高效的并行加速方法,因为该方法并不需要购买任何额外的硬件设备,只需对传统的两级并行程序改动部分代码,即可成倍地提升仿真速度。

尽管本书在并行 FDTD 算法的硬件加速技术及其在天线分析领域应用中取得了一些成果,并解决了一些实际问题;但是,不可否认,本书取得的成果与国内外同行还有一定的差距,理论深度和应用范围也比较有限。在本书工作的基础之上,作者将在以下几个方面继续探索研究:首先,需要继续优化 SSE 和 AVX 指令集的加速过程,尽可能地降低缓存的不命中率,最大限度地发挥 SSE 和 AVX 的加速功能;其次,需要对传统的两级并行 FDTD 程序进行优化,尽量减少 FDTD 迭代中并行通信的开销,从而使 SSE 和 AVX 指令集的加速效果能够更加突出;另外,还应该考察更多更复杂的并行电磁应用实例仿真的加速情况,从理论与数值实验两个方面对三级并行 FDTD 系统进行分析与优化;同时,也将使用 GPU 加速技术用于电磁计算。这些工作也是作者下一步的工作内容和目标。

作者对并行 FDTD 算法进行了比较深入的研究,并利用并行 FDTD 技术对天线辐射等电磁问题的建模与计算进行了比较深入的探讨,取得了初步的成绩,得到了一些有意义的结论,但是受作者水平和时间的限制,本书的研究还存在许多不足之处,恳请专家学者批评指正。

参考文献

[1] 葛德彪,闫玉波. 电磁波时域有限差分方法 [M]. 2 版. 西安:西安电子科技大学出版社,2005.

[2] HARRINGTON R F. Time-harmonic electromagnetic fields[M]. Hoboken:John Wiley&Sons, Inc., 2001.

[3] CHENG D K. Field and wave electromagnetics[M]. Beijing:Tsinghua University Press,2007.

[4] 谢处方,饶克谨. 电磁场与电磁波 [M].4 版. 北京:高等教育出版社,2006.

[5] 王长清,祝西里. 电磁场计算中的时域有限差分方法 [M]. 北京:北京大学出版社,1994.

[6] 盛新庆. 计算电磁学要论 [M]. 北京:科学出版社,2004.

[7] 王秉中. 计算电磁学 [M]. 北京:科学出版社,2003.

[8] 余文华,苏涛,MITTRA R. 并行时域有限差分 [M]. 北京:中国传媒大学出版社,2005.

[9] 高本庆. 时域有限差分方法 [M]. 北京:国防工业出版社,1995.

[10] HARRINGTON R F. 计算电磁场的矩量法 [M]. 王尔杰,肖良勇,林炽森,等译. 北京:国防工业出版社,1981.

[11] 金建铭. 电磁场有限元法 [M]. 西安:西安电子科技大学出版社. 1998.

[12] YEE K S. Numerical solution of initial boundary value problems involving Maxwell's equations in isotropic media[J]. IEEE Transactions on Antennas and Propagation,1966,14(3):302-307.

[13] QUINN M J. Parallel programming in C with MPI and OpenMP[M]. Beijing:Tsinghua University Press,2005.

[14] 陈国良. 并行计算:结构、算法、编程 [M]. 北京:高等教育出版社,1999.

[15] 多核系列教材编写组. 多核程序设计 [M]. 北京:清华大学出版社,2007.

[16] 都志辉. 高性能计算并行编程技术:MPI 并行程序设计 [M]. 北京:清华大学出版社,2001.

[17] INMAN M J,ELSHERBENI A Z,MALONEY J G, et al. Practical implementation of a CPML absorbing boundary for GPU accelerated FDTD technique[J]. ACES Journal,2008,23(1):16-22.

[18] XU K,FAN Z H,DING D Z, et al. GPU accelerated unconditionally stable Crank-Nicolson FDTD method for the analysis of three-dimensional microwave circuits[J]. Progress in electromagnetics research,2010,102:381-395.

[19] TAKADA N,SHIMOBABA T,MASUDA N, et al. Improved performance of FDTD computation using a thread block constructed as a two-dimensional array with CUDA[J]. ACES Journal,2010,25(12):1061-1069.

[20] UJALDON M. Using GPUs for accelerating electromagnetic simulations[J]. ACES Journal,2010,25(4):294-302.